中国学前教育研究会教师发展专委会推荐教材

高等职业教育新形态一体化教材

U0298454

生 物 （第三版）

主 编 陈鸥 邱永华

副主编 霍诗蓉 喻正莹 梁运峰

主 审 肖亚梅

高等教育出版社·北京

内容提要

本书是中国学前教育研究会教师发展专委会推荐教材,高等职业教育新形态一体化教材。

本书主要内容有:生物的分类及分类系统、原核生物界、原生生物界、真菌、病毒、丰富多彩的植物世界、千姿百态的动物世界、生命的基本结构单位——细胞、遗传学基础、生物的进化、生态学基础、现代生物技术简介。

书中配有丰富的插图,正文中适当穿插各种小栏目,且配有由编者精心设计的数字资源,扫描书中二维码即可获得。教师可发送邮件至 gaojiaoshegaozhi@163.com 获取教学课件。

本书可作为高职高专院校、五年制高职、继续教育、中职学校学前教育专业文化课教材,也可供幼儿园教师等相关人员参考。

图书在版编目(C I P)数据

生物/陈鸥,邱永华主编.--3版.--北京:高等教育出版社,2021.11

ISBN 978-7-04-057099-1

I.①生… Ⅱ.①陈…②邱… Ⅲ.①生物学-高等职业教育-教材 Ⅳ.①Q

中国版本图书馆 CIP 数据核字(2021)第 197379 号

策划编辑	张庆波	责任编辑	张庆波	封面设计	李小璐	版式设计	杜微言
插图绘制	李沛蓉	责任校对	刁丽丽	责任印制	田 甜		

出版发行	高等教育出版社	网　　址	http://www.hep.edu.cn
社　　址	北京市西城区德外大街 4 号		http://www.hep.com.cn
邮政编码	100120	网上订购	http://www.hepmall.com.cn
印　　刷	北京市白帆印务有限公司		http://www.hepmall.com
开　　本	787mm×1092mm　1/16		http://www.hepmall.cn
印　　张	15.5	版　　次	2012 年 9 月第 1 版
字　　数	340 千字		2021 年 11 月第 3 版
购书热线	010-58581118	印　　次	2021 年 11 月第 1 次印刷
咨询电话	400-810-0598	定　　价	32.20 元

本书如有缺页、倒页、脱页等质量问题,请到所购图书销售部门联系调换

版权所有　侵权必究

物 料 号　57099-00

前　　言

本书是供初中起点的学前教育等专业大专学生和一线教师使用的生物教材,是在广泛听取高职高专学校生物教师意见的基础上编写的。

教材编写贯彻了教育部《幼儿教师专业标准(试行)》《教师教育课程标准(试行)》《中小学和幼儿园教师资格证考试标准(试行)》《职业教育教材管理办法》等文件的精神。本教材突出了如下四个方面的特点:

1. 选择生物学科基础知识,展现学科最新成果。本教材根据普通生物学的知识体系,安排了生物系统学、分子与细胞基础知识、遗传学基础知识、进化论与生态基础知识和新的生物技术这几个教学模块,并在有关章节及课外阅读部分介绍了生物学科发展的最新成果。

2. 考虑到各个不同地区的地域特点和学生层次的不同,教材内容全面,深入浅出。本教材的使用对象是初中毕业生,因此内容体系参照高中教材的范围。根据专业需求和课时安排的具体情况,教材难度有所降低。各个模块相对独立,教师可以根据本校的教学具体情况对某些模块进行取舍。

3. 为儿童科学教育服务,生物教学内容尽可能满足幼儿园科学教育的需要。学前儿童科学教育领域的内容,有近1/3与生物学知识相关。本教材尽量为学前儿童科学教育服务,教材中无论是阅读的课外资料还是实践活动,都考虑到今后学前儿童科学教育的需要。

4. 重视学生能力的培养,让学生有自主拓展空间。本教材选择实践活动注重与生活和儿童科学教育结合,考虑其可实施性。此外,小百科栏目是为提高学生的生物科学素养、满足学生多样化发展的需要而设计的,有助于拓展学生的生物科技视野、增进学生对生物科技与社会关系的理解、提高学生的实践和探究能力。

5. 教材第三版对第二版中不严谨、不完整及不规范的地方进行了修改,更换了部分图片,使教材的应用范围及选择性更强。

全书共十二章,由长沙师范学院陈鸥、广东江门幼儿师范高等专科学校邱永华共同主编,湖南师范大学肖亚梅担任主审。第一章至第五章由陈鸥负责编写;第六章由邱永华和长沙师范学院佟玲玲编写;第七章第一节至第六节由运城幼儿师范高等专科学校梁运峰编写,第七章第七节至第十一节和第十章由陈鸥和安阳幼儿师范高等专科学校霍诗蓉编写,第八章由广东江门幼儿师范高等专科学校关瑞爱和长沙师范学院聂磊编写。第九章由陈鸥和广西幼儿师范高等专科学校陈星、佟玲玲、聂磊编写,第十一、十二章由长沙师范学院刘士寻负责编写。书中部分二维码数字资源由聊城幼儿师范学校喻正莹、季莹莹、刘稳稳和长沙师范学院聂磊、佟玲玲、陈鸥提供。书中昆虫纲部分数字资源由辽宁农业职业技术学院费显伟教授建设完成。

由于编写时间仓促、编者水平有限,书中不免有不尽完善之处,欢迎广大教师、学生批评指正。

编　者
2021 年 5 月

目　录

绪　　论

一、什么是生物

生物是有生命的个体。地球上已发现 200 多万种生物,其大小不一,形状各异,功能也千差万别。但是从众多的生命现象中,仍然可以找到生物的基本特征。

1. 生物的组成成分具有统一性

生物的组成成分中常见的化学元素有 20 多种,其中 C、O、N、H 4 种元素含量占 90% 以上。构成细胞的化合物包括糖类、脂类、蛋白质和核酸等有机物,还包括水和无机盐等无机物,这些物质在不同生物体内的作用基本相同。

2. 生物具有严谨的结构性和层次性

除了病毒、朊病毒和类病毒以外的一切生物,都是由相同的基本单位细胞所组成的。在细胞里有细胞器,由分子构成;在细胞之上有组织、器官、系统、个体、种群、群落、生态系统、生物圈等单位。

3. 生物都能进行新陈代谢

生物从环境中摄取所需要的物质转变为自身物质,同时将自身原有组成物质转变为废物排入环境中,在物质交换的同时获得生命活动所需要的能量。

4. 生物都具有应激性和适应性

生物对外界的变化会做出反应,并随环境变化对体内的各种生命过程进行自我调节,以适应环境。

5. 生物都能生长、发育并产生后代

生长是生物体积和质量逐渐增加、由小到大的过程,是量变。发育指生物器官的完善和生命机能的成熟,是质变。生物通过生长发育变得成熟,在完成生命历程之前会产生一定数量的后代。后代通过生长发育又会产生新的后代。

6. 生物具有遗传和变异的特征

生物与其产生的后代基本相同,但也会有或多或少的差异,这样在保证生物物种稳定的同时,还能不断地进化。

二、什么是生物学

生物学是研究生命的学问,又称为生命科学或生物科学。它广泛研究生命的所有方面,包括生命现象,生命活动的本质、特征和发生发展规律,以及各种生物之间和生物与环境之间相互关系的科学。

生物学已经向微观层次发展到分子水平,向宏观层次发展到整个自然界,并与诸多学科交叉融合。生物学已成为 21 世纪发展较快的学科,与人类生活的关系越来越密切。

三、学习生物学的意义

1. 培养科学精神和科学态度,树立创新意识,逐步形成科学世界观

科学精神主要是指科学主体在长期的科学活动中所陶冶和积淀的价值观念、思维方式、精神状态和行为准则等的总和,是体现在科学知识中的思想或理念。科学精神是科学活动的灵魂。科学活动的各个方面都渗透和体现着科学精神,并以科学精神为准则。科学精神的内涵十分丰富,主要包括求实精神、创新精神、理性精神和合作精神 4个方面。科学精神不会凭空产生,必须经过学习与实践才能获得。

2. 获得生物学基础知识

人类的生活离不开生物,生物学是农学、医学、林学、环境科学、食品科学等学科的基础。社会的发展、人类文明的进步、个人生活质量的提高,都要靠生物学的发展和应用。现代人应该具备基本的生物学常识。幼师生今后肩负儿童科学启蒙重任。儿童科学教育 1/3 以上的内容与生物学相关,因此幼师生更加需要充实生物科学的基础知识。

本教材在义务教育的基础上,使学生进一步获得从事幼儿教育工作所必需的生物学基本事实、基本原理和规律等方面的基础知识。主要包括生物主要类群概述,生物遗传、生物进化、生物与环境及现代生物科技等方面的基础知识;了解并关注这些知识在生活、生产、科学技术发展和环境保护等方面的应用。

3. 了解生物学研究的方法

（1）观察描述方法

观察描述方法是最早在生物学研究中使用的方法,也是学生必须掌握并使用的方法。早期是利用肉眼观察,随着科技的发展,可以借助仪器设备进行观察,使观察更加细致入微、更加准确。生物学用描述的方法来记录这些将不同生物区别开来的性质,再用归纳法,将这些不同性质的生物归并成不同的类群;用统一的、规范的术语为物种命名,对各种各样形态的器官做细致的分类,并制定规范的术语为器官命名。这些比较精确的描述方法收集了大量动植物分类学材料及形态学和解剖学的材料。

（2）比较方法

随着生物学的发展,生物学不仅积累了大量分类学材料,而且积累了形态学、解剖学、生理学的许多材料。在这种情况下,需要全面地考察物种的各种性状,分析不同物种之间的差异点和共同点,将它们归并成自然的类群。比较方法便被应用于生物学。运用比较方法研究生物,是力求从物种之间的类似性找到生物的结构模式、原型甚至某种共同的结构单元。

（3）实验方法

实验方法是一种特殊的观察,是人为地干预、控制所研究的对象,并通过这种干预和控制所造成的效应来研究对象的某种属性。实验方法是自然科学研究中的重要的方法。

第一章 生物的分类及分类系统

一、生物的系统分类

1. 生物分类的意义

地球上生物种类繁多,已发现的生物有 200 多万种,还有许多生物未被发现。这种现象被称为生物的多样性。生物学家将成千上万种动植物一一归集起来,这些生物物种或者被杂乱无章地堆积,或者按照生物形态、结构、生理功能、分布、生态等某些特点而被划分成一个个比较接近的生物类型(草本、木本和藤本等)。由于没有统一的分类和命名方法,各地的生物学家交流起来十分麻烦,造成进一步研究的困难。瑞典植物学家林奈发现这个问题之后,经过研究,建立了自然分类系统和双名命名法,为全世界生物分类统一了标准。林奈也因此成为生物分类学的奠基人。

2. 生物分类的方法

对生物进行分类是研究生物的一种基本方法。生物分类就是把所有生物按照形态、结构、生理功能、分布、生态等特点划分成一个个比较接近的生物类群的过程。生物分类不是一成不变的,会随着研究的深入不断地发展。

(1)人为分类法

人为分类法是按照生物一个或几个特征或经济意义作为分类依据的分类方法。此种方法简单易懂便于掌握,但不能反映进化规律和亲缘关系。

下面介绍几种常用的植物人为分类方法。

根据茎的木质化程度的不同,种子植物可以分为草本植物和木本植物两大类。

草本植物　草本植物是指茎内木质部不发达、木纤维等木质化细胞比较少的植物。草本植物的茎比较柔软,植株一般比较矮小。有生命周期在一年内完成的一年生草本植物,如牵牛、菜豆;有生命周期在两年内完成的二年生草本植物,如大白菜、冬小麦;还有能生存多年的多年生草本植物,如秋海棠、郁金香。

木本植物　木本植物是指茎内木质部发达、木纤维等木质化细胞比较多的植物。木本植物的茎坚硬而直立,植株一般比较高大,寿命很长,是多年生植物。所有的裸子植物都是木本植物。被子植物中的双子叶植物,既有草本植物,又有木本植物。被子植物中的单子叶植物,绝大多数是草本植物。

木本植物根据主干是否明显,又可以分为乔木和灌木两类。

乔木　乔木是一类具有明显而直立主干的木本植物。乔木植株高大,主干在距地表较高的地方出现分支,形成树冠,如桑树、木棉等。

灌木　灌木是一类没有明显主干的木本植物。灌木的植株比乔木矮小,常在近地表的地方出现分支,主干与分支呈丛生状,如扶桑、九里香等。

木本植物根据冬季是否有绿叶分为落叶树和常绿树。

落叶树　落叶树是指寒冷或干旱季节到来时,叶同时枯死脱落的木本植物,如银杏、桃树等。

常绿树　常绿树是指新叶发生后老叶才逐渐脱落,终年常绿的木本植物,如樟树、马尾松等。

藤本植物　藤本植物是指茎又细又长,植株不能直立,只能匍匐在地表或攀附在其他物体上而生长的植物。藤本植物中有的是草本植物,叫作草质藤本,如丝瓜、牵牛;有的是木本植物,叫作木质藤本,如爬山虎、金银花。

（2）自然分类法

自然分类法是以生物进化过程中亲缘关系的远近作为分类标准的分类方法。林奈提出,植物的自然分类法主要参照植物生殖器官。这种方法科学性较强,在生产实践中具有重要意义。生物学家按照生物的相似程度把它们分成不同的类别,大的类别称为"界",界之下分为门、纲、目、科、属、种,一共7个等级。

二、双名命名法

自然界中的生物种类繁多,每种生物都有自己的名称。世界上各种语言之间差异很大,同一种生物,不同的国家、地区、民族往往有不同的叫法。同名异种和同种异名的现象常常出现,这种混乱现象妨碍了学术交流。

双名命名法是标准的生物命名法。名字由两部分构成:属名和种加词。属名需大写,种加词则不能大写,种加词后面还应有命名者的姓名。双名命名法的生物学名部分均为拉丁文,如果引用其他语言则必须拉丁化,印刷时为斜体字,命名者姓名部分为正体字。

如月季的学名是 *Rosa chinensis*,Rosa 是属名,chinensis 是种加词。银杉的学名是 *Cathaya argyrophylla* Chun et Kuang,Chun et Kuang 是两位命名者的姓氏。

小百科

林　奈

瑞典著名植物学家林奈(Carolus Linnaeus, 1707—1778)受父亲的影响,对树木花草有异乎寻常的爱好。他把大部分时间和精力用于到野外去采集植物标本和阅读植物学著作上。

林奈在乌普萨拉大学任教期间潜心研究动植物分类学,在此后的20余年里,共发表了180多种科学论著。其著作《自然系统》中首先提出了以植物的生殖器官进行分类的方法,提出自然分类系统。《植物种志》一书用他新创立的"双名命名法"对植物进行统一命名。林奈的植物分类方法和双名命名法被各国生物学家所接受,生物研究的混乱局面也因此被他调理得井然有序。林奈是近代植物分类学的奠基人,他的工作促进了植物学的发展。

三、生物的分界

生物的分界是把地球上的所有生物按照形态、结构、生理功能、分布、生态等特点而划分成一个个比较接近的生物类型集体的过程,是一项不断进行中的工作,随着科学的发展而不断深化。现在得到较多认同的是将生物分为原核生物界、原生生物界、植物界、动物界、真菌界、病毒界6个界。

实践活动

分 一 分

在校园里让每个学生选择一块约 $1m^2$ 的草地、花坛、水池或墙角等,仔细观察寻找其中有多少种生物,然后将它们归到各界中。

思考与练习

根据学过的分类知识,完成下列表格。

特征	类别名称	分类方法
冬天叶子是否落光	落叶树和常绿树	人为分类法
单细胞,无核膜,异养		自然分类法
能进行光合作用,有细胞壁		自然分类法
	灌木和乔木	
	被子植物	

第二章 原核生物界

本章学习提示

本章介绍原核生物界的特点、常见原核生物及其与人类的关系。

本章学习目标

通过本章的学习,将实现以下学习目标:
★ 了解原核生物细胞核没有核膜的特点。
★ 了解常见原核生物如细菌等的特点及其与人类的关系。

一、原核生物界的特点

原核生物细胞中没有细胞核膜,因此细胞核不成形,只有一个核酸分子区域。原核生物主要包括细菌、放线菌、蓝藻、立克次氏体、支原体和衣原体。

二、常见原核生物物种的特点及其与人类的关系

1. 细菌

（1）细菌的形态结构特点

细菌的分布非常广泛,无论是雪山旷野,还是江河湖海,甚至万米的高空和数米深的土壤,都有细菌存在。细菌是一类微小的单细胞生物,绝大多数细菌直径大小为 $0.5\sim5\mu m$。已描述的细菌有 4 760 多种,有球形、杆形和螺旋形 3 种形态(图 2-1)。

细菌的基本结构(图 2-2)包括细胞壁、细胞膜、细胞质和拟核(无核膜,只有遗传物质),还有一些细菌具有荚膜、鞭毛或纤毛。

（2）细菌的营养方式

根据生物在代谢过程中能不能利用无机物制造有机物来维持生命活动,将生物的营养方式分为自养型和异养型;根据生物对氧的需求情况分为需氧型和厌氧型。细菌的营养和呼吸方式呈现出多样性。大多数细菌的营养方式是异养型,少数是自养型。

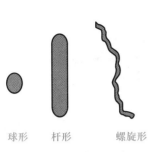

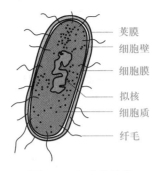

球形　杆形　螺旋形

图 2-1　细菌的形态

图 2-2　细菌的结构

① 异养菌

异养菌必须摄取有机物,有的细菌从动植物尸体或腐烂组织获取营养,维持自身的生活,属于腐生细菌,食物腐烂就是由于异养菌生于其中之故。依靠活的动植物体内的有机物作为食物及能源,属于寄生菌。

② 自养菌

有些细菌能进行光合作用,这样的细菌是光能自养菌。有少数种类的细菌能够利用环境中的某些无机物氧化时所释放出来的能量来制造有机物,即化能自养菌。例如,硝化细菌就是一类生活在土壤和水中的细菌,能够把土壤中的氨(NH_3)转化成亚硝酸(HNO_2)和硝酸(HNO_3),并且利用这个氧化过程中所释放出的能量来合成有机物。

（3）细菌与人类的关系

① 益处

腐生细菌与其他微生物共同作用,将动植物尸体、粪便分解成 CO_2 及含 N、P、S 物质等,不断地供给绿色植物进行光合作用,合成有机物。土壤中的固氮菌、自生固氮菌与豆科植物共生的根瘤菌还能将空气中的游离氮转化为含氮化合物,为植物提供氮素营养。细菌杀虫剂可以有针对性地将害虫杀死而对人畜无害。

病原菌可用于预防疾病。例如,伤寒是由伤寒杆菌引起的一种急性传染病。伤寒杆菌疫苗是人们利用灭活的伤寒杆菌让人产生免疫力,从而对预防伤寒产生很好的效果。

细菌除了用于制作酸菜、醋和味精等食品和调味品以外,工业上早已用于生产丁醇、丙酮、乳酸和维生素 C 等产品。

细菌可以帮助处理污水。利用细菌等微生物的活动来处理污水的方法叫作生物处理法。这种方法是利用细菌等微生物的分解作用,使有毒物质转化成无毒的污泥。

② 害处

细菌能使人、农作物、家禽和家畜生病,例如,破坏人体组织的结核杆菌、产生有毒物质破坏人体正常功能的白喉杆菌等。细菌还能使食物腐败变质。

实践活动

发给每位学生一碟面糊,让他们用不同的方法防腐,比较哪种方法防腐效果好。

小百科

巴氏杀菌法

巴氏杀菌法由法国微生物学家巴斯德发明。将食物加热到一定温度(一般60~82℃),并保持30 min以上,然后急速冷却到4~5℃,可以促使细菌死亡,达到杀死微生物营养体的目的。巴氏杀菌法既能达到消毒目的又不损害食品品质。

食品经巴氏杀菌后仍保留了小部分无害、较耐热的细菌或细菌芽孢,因此要在4℃左右的温度下保存,且只能保存3~10天,最多16天。

2. 放线菌

放线菌大多数有发达的分支菌丝。菌丝宽度为0.5~1 μm。营养菌丝,又称为基质菌丝,主要功能是吸收营养物质。有的营养菌丝可产生不同的色素,是菌种鉴定的重要依据。气生菌丝叠生于营养菌丝上,当气生菌丝发育到一定程度时,其顶端分化出的可形成孢子的菌丝,叫作孢子丝,这是用于繁殖的菌丝。放线菌的形态如图2-3所示。

放线菌与人类生产和生活关系极为密切,目前广泛应用的抗生素约70%是由各种放线菌所产生的。一些种类的放线菌还能产生各种酶制剂(蛋白酶、淀粉酶和纤维素酶等)。

3. 蓝藻

蓝藻是单细胞的光能自养型原核生物,营养要求低,对恶劣环境的耐受力强。在自然界中,蓝藻主要分布在含有机质较多的水中,部分生活于潮湿的土壤、岩石、树干和海洋中;也有的蓝藻同真菌共生形成地衣,或生活在植物体内形成内生生物;少数种类分布在85℃以上的温泉或终年积雪的极地。

图2-3　放线菌的形态

有些蓝藻多个聚集在一起形成多细胞群体或多细胞丝状体,但每个细胞仍然是独立生活的。蓝藻因具有光合色素(除叶绿素外,还含有胡萝卜素、叶黄素、藻蓝素、藻红素等),能进行光合作用。

许多固氮蓝藻能与真菌、苔藓、蕨类及种子植物建立共生关系。如蓝藻和真菌共生构成的地衣能生活在各种环境中,耐干旱、抗严寒,是拓荒的先锋,对自然环境有重要的影响,还可作为空气污染、采矿的指示植物。

有些蓝藻可供食用或作鱼的饵料。水体中蓝藻过量繁殖会使水中的氧气耗尽,导致鱼类和其他水生生物窒息。

近年来,各国相继开发蓝藻。我国从20世纪70年代开始研究并实施产业化生产,其中较成功的是螺旋藻生物工程。螺旋藻已被联合国粮农组织、教科文组织推荐为21世纪最理想食品。

小百科

立克次氏体

立克次氏体是在 20 世纪初美国年轻的病理学家立克次在研究斑疹伤寒病时发现的,后来他在研究中受感染而去世。为了纪念他,人们便以他的名字来命名这类微生物。立克次氏体介于细菌与病毒之间,较接近细菌,一般为球形或杆状,细胞结构和繁殖方式类似细菌。立克次氏体为专性细胞内寄生生物,常寄生在节肢动物体内,并以其作为传播媒介。有少数种类还会引起人类患病,如流行性斑疹伤寒等。

支 原 体

支原体介于细菌和立克次氏体之间,是目前所知的能独立生活的最小的单细胞生物。支原体形态多样,通常呈不规则的球状、椭圆状、长丝状、螺旋丝状,有时有分支。支原体营寄生、共生或腐生生活。受支原体侵染的鸟类、哺乳动物、人或植物体,会发生各种病害。

衣 原 体

衣原体介于立克次氏体和病毒之间,形态似立克次氏体,一般呈球形或链状。衣原体能通过细菌滤器,不能独立生活,是活细胞内的专性寄生生物,能直接侵入宿主细胞,导致人类沙眼、鹦鹉热等疾病。

思考与练习

到超市的食品区观察不同的食品包装,并对这些食品的防腐方法进行归类。

小朋友的问题

为什么饭菜放久就馊了,有的东西放很久都不坏?

答:因为饭菜有适合细菌生活的温度、水分和空气,空气里的细菌落到饭菜上生长、繁殖,致使饭菜发出酸臭味。而有的东西例如糖、饼干没有足够的水,细菌无法生长,罐头则是与外界隔绝,细菌进不去,冰淇淋是因为保存在低温中细菌不繁殖,所以这些食物放很久都不坏。

为什么酸奶比鲜奶要浓?

答:乳蛋白分子相互排斥,独立悬浮在牛奶中,因此呈液态;乳酸杆菌产生的乳酸能使乳蛋白分子相互吸引,结成细微的凝乳,因此显得比牛奶浓。

第三章 原生生物界

本章学习提示

本章介绍原生生物界的特点、常见的原生生物及其与人类的关系。

本章学习目标

通过本章的学习,将实现以下学习目标:

★ 了解原生生物是具有核膜的简单真核生物的特点。

★ 了解常见原生生物如藻类和原生动物等的特点及其与人类的关系。

一、原生生物界的特点

原生生物是简单的真核生物,具有以核膜为界限的细胞核,多数是单细胞生物,也有部分是多细胞的,但没有组织分化。

单细胞的原生生物集多种功能于一个细胞,包括水分调节、营养、生殖等功能。

原生生物营养方式繁多,有些似真菌,吸收外界营养;也有部分既进行光合作用,也可进食有机食物,例如裸藻。

二、常见原生生物物种的特点及其与人类的关系

1. 藻类

(1)藻类的特征

藻类一般被认为是最低等的植物,缺乏真正的根、茎、叶和其他的组织构造,有的种类在外形上有类似根、茎、叶的构造。它具有光合作用的能力,利用孢子繁殖,生长在水中。

(2)常见的种类

衣藻　衣藻有一个杯状叶绿体,有个感光的眼点,可以利用鞭毛或纤毛游动,广泛分布于水沟、洼地和含微量有机质的水中。

海带　海带呈褐色,一般长 2~6 m,宽 20~30 cm,由固着器、柄部和叶片组成。固着器呈假根状,柄部粗短圆柱形,柄上部为宽大长带状的叶片。海带是低热量的营养菜,与

一般的叶类蔬菜相比,除维生素 C 外,其粗蛋白、糖类、钙、铁的含量均高出几倍、几十倍。

　　紫菜　　紫菜由固着器、柄和叶片 3 部分组成。叶片是由包埋于薄层胶质中的一层细胞(少数种类有 2 层或 3 层)构成的,长度自数厘米至数米不等。紫菜含有叶绿素和胡萝卜素、叶黄素、藻红蛋白、藻蓝蛋白等色素。各种色素含量的差异致使不同种类的紫菜呈现不同的颜色,但以紫色居多。紫菜营养丰富,含碘量很高,同时富含胆碱和钙、铁,能增强记忆,治疗妇幼贫血,促进骨骼、牙齿的生长和保健;还可以明显增强细胞免疫和体液免疫功能,提高机体的免疫力,有助于防治癌症。

　　巨藻　　巨藻主要分布在美洲太平洋沿岸,属冷水性海藻。成熟的巨藻一般长 70~80 m。巨藻可以用来提炼藻胶,发酵产生甲烷和酒精等,也可制造五光十色的塑料、纤维板,还是制药工业的原料。巨藻生长很快,在适宜的条件下,一棵巨藻每天可生长30~60 cm。所以巨藻不论在长度还是生长速度上,都可称得上是"世界之最"了。

　　各种藻类如图 3-1 所示。

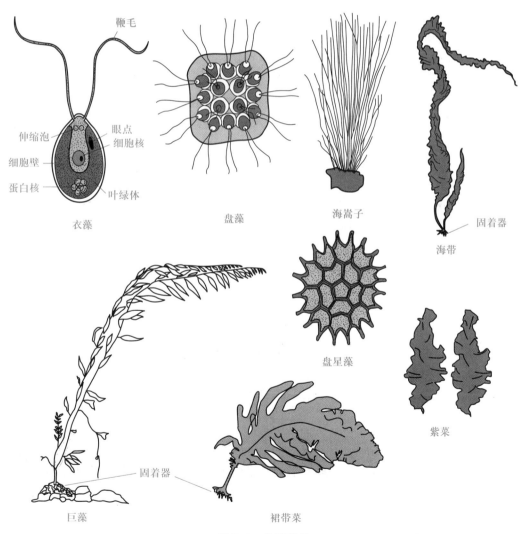

图 3-1　各种藻类

小百科

健康食品——海藻

　　生长于海洋中的藻类远离污染,所含必需氨基酸种类齐全,含量较充裕。海藻含糖类高达 40%~70%,这种糖类能提供能量。所含的岩藻多糖是陆生蔬菜所没有的,具有肝素的活性,可以阻止动物红细胞凝集反应的发生,防止血栓和因血液黏性增大而引起的血压上升,对高血压患者十分有益。海带、裙带菜等褐藻中还有丰富的褐藻酸盐,滞留肠道期间可以与体内有害金属、胆固醇结合,将有害物质排出体外。褐藻胶还有抗肿瘤作用。紫菜、石花菜还常用来生产琼胶、琼胶素和卡拉胶,有望开发成抗癌、美容、抗衰老等保健类食品、凉拌食品等。

2. 原生动物

（1）原生动物的特征

　　原生动物一般被认为是最低等的单细胞动物。原生动物一般个体微小,绝大多数仅为 2~5mm,是可运动的掠食者或寄生者。原生动物生活领域十分广阔,可生活于海水及淡水内,底栖或浮游,但也有不少原生动物生活在土壤中或寄生在其他动物体内。

（2）常见的种类

　　草履虫　草履虫是一种身体很小,由一个细胞构成的单细胞动物,因其身体形状从平面角度看像一只倒放的草鞋底而得名。它寿命很短,能活一昼夜左右。草履虫的结构如图 3-2 所示。

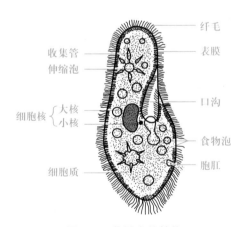

图 3-2　草履虫的结构

　　疟原虫　其种类繁多,寄生于人类的疟原虫有 4 种,即间日疟原虫、恶性疟原虫、三日疟原虫和卵形疟原虫。在我国主要有间日疟原虫和恶性疟原虫。4 种人体疟原虫的基本结构相同,包括核、胞质和胞膜。寄生于人体的 4 种疟原虫需要人和按蚊两个宿主。在人体内先后寄生于肝细胞和红细胞内。

　　疟疾的一次典型发作表现为寒战、高热和出汗退热 3 个连续阶段。发作是由红细胞内疟原虫的裂体增殖所致。疟疾发作数次后,人体可出现贫血、脾大,抵抗力低下,直至引起死亡。

思考与练习

　　归纳原生生物与人类的关系。

小 朋 友 的 问 题

看起来很干净的溪水或河水,为什么不能喝?

　　答:看起来很干净的水可能有很多细菌和原生生物。比如梨形鞭毛虫就是野生动物排到水中的。人喝了水后,梨形鞭毛虫就吸附在人的肠道上,使人患上危险的肠道疾病。

第四章 真　　菌

本章学习提示

本章介绍真菌界的特点、常见的真菌及其与人类的关系、防止发霉的简单方法以及如何避免食用毒蘑菇。

本章学习目标

通过本章的学习,将实现以下学习目标:

★ 了解真菌是异养菌,是具有细胞壁的真核生物。

★ 了解常见的真菌如酵母菌、霉菌和蘑菇等生物的特点及其与人类的关系。

一、真菌界的特点

真菌属于真核生物,既有单细胞的,又有多细胞的。细胞壁含几丁质和纤维素。不含叶绿素。都是异养的,有些营腐生生活,如青霉菌;有些营寄生生活,如足癣菌。

二、常见真菌物种的特点及其与人类的关系

大多真菌原先被分入动物界或植物界,现在归入真菌界,一般分为酵母菌、霉菌和大型真菌 3 类。

1. 酵母菌

酵母菌(图 4-1)是一些单细胞真菌。酵母菌在自然界分布广泛,主要生长在偏酸性潮湿含糖环境中。在有氧环境中,酵母菌将糖类转化为水和二氧化碳;在无氧的条件下,将糖类分解为二氧化碳和酒精。酵母菌在温度适合、氧气和养料充足的条件下,以出芽方式迅速增殖(图 4-2)。

酵母菌被广泛应用于发酵面食和酿酒,是人类应用最早的真菌。酵母菌还可以用于生产酵母片、核糖核酸、核黄素等。有些酵母菌是有害的。少数酵母菌可使果浆蜂蜜腐败,白假丝酵母菌可引起皮肤、黏膜、呼吸道、消化道疾病等。

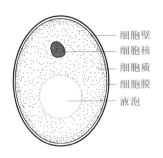

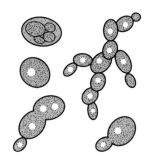

图 4-1　酵母菌的形态　　　　　图 4-2　酵母菌的出芽繁殖

2. 霉菌

霉菌是丝状真菌,菌丝可伸长并产生分支,菌丝体深入营养基质的称为基质菌丝或营养菌丝;向空中伸展的称为气生菌丝,可进一步发育为繁殖菌丝,产生用于繁殖的孢子;繁殖菌丝在营养基质表面会形成肉眼可见的绒毛状、絮状或蛛网状的菌落。

根霉菌的形态如图 4-3 所示。

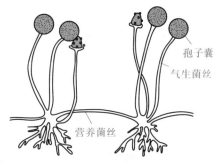

图 4-3　根霉菌的形态

孢子生殖

思考与讨论

通过观察霉菌的生长环境,讨论适合霉菌生长的环境并总结出防霉的方法。

霉菌生长环境:潮湿,温度适宜,富含霉菌生长发育所需的营养。霉菌在家居物品、食物和衣物甚至人体上生长,对人类造成危害。有的霉菌可以造福人类,产生抗生素,可以发酵食品,比如腐乳等。

实践活动

制 作 甜 酒

实验原理

根霉菌将淀粉转化为糖,酵母菌在无氧条件下能将葡萄糖分解成二氧化碳和酒精。

实验目的

1. 了解制作甜酒的过程和原理。

2. 使学生能将书本知识应用于生产实践。

实验材料

酒曲、糯米、凉开水、清洁的容器、蒸锅、筷子、蒸布。

实验步骤

1. 把糯米淘洗干净,用水浸泡一昼夜。

2. 在蒸锅的笼屉上放上蒸布,将糯米倒入,铺平,盖好锅盖。旺火上蒸熟。将蒸熟的米饭用凉开水冲淋一次。放置到微热(30℃)的时候,装入清洁的容器中。

3. 将酒曲碾细成粉末,根据酒曲包装上的说明,按比例将酒曲与微热的糯米均匀搅拌在一起,然后将糯米饭压实,中间挖一个凹坑,淋上一些凉开水。

4. 把容器盖好,并采取一定的保温措施。

5. 将容器放在温暖的地方,以保持温度。尽量少打开容器,以防止其他细菌和真菌的污染。

3. 大型真菌

大型真菌是能形成大型子实体的一类真菌。大型真菌包括两部分,即生长在营养基质里的营养菌丝和肉质或胶质的子实体或菌核,可以产生孢子,用于繁殖。蘑菇的形态如图 4-4 所示。

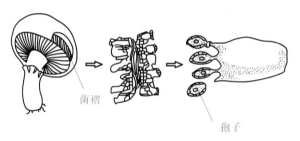

菌褶

孢子

图 4-4　蘑菇的形态

小百科

毒蘑菇的危害

我国每年都有误食毒蘑菇中毒甚至致死的报告。鉴别毒蘑菇并不容易,因此最好不要轻易尝试不认识的蘑菇,必须先请教有实践经验者,证明确实无毒后方可食用。

常见毒蘑菇含有以下毒素:

(1) 毒肽,主要为肝毒,毒性强,作用缓慢。

(2) 毒伞肽,肝肾毒性,作用强。

（3）毒蝇碱，作用类似于乙酰胆碱。

（4）光盖伞素，引起幻觉和精神症状。

（5）鹿花毒素，导致红细胞破坏。

蘑菇中毒病有 6 种类型：胃肠中毒型、神经精神型、溶血型、肝损害型、呼吸与循环衰竭型和光过敏性皮炎型。

大型真菌有以下几种。

木耳 木耳呈圆盘形，耳形不规则，子实体胶质，生长于腐木上，形似人的耳朵，故名木耳。木耳是一种营养丰富的著名食用菌。

银耳 银耳也叫作白木耳、雪耳，子实体白色，胶质，半透明，柔软有弹性，形似菊花或绣球，夏秋季生于阔叶树腐木上，有"菌中之冠"的美称。银耳中含有丰富的蛋白质和维生素。

香菇 子实体伞形，单生、丛生或群生，表面褐色，菌肉白色，具香味。菌盖下面有菌幕，后破裂，形成不完整的菌环。香菇富含多种营养，对促进人体新陈代谢，提高机体适应力有很大作用。香菇含有水溶性鲜味物质，可用作食品调味品。

灵芝 灵芝又称为灵芝草、神芝，子实体菌盖皮壳坚硬，黄褐色到红褐色，有光泽，具环状棱纹和辐射状皱纹，边缘薄而平截，常稍内卷，菌肉白色至淡棕色。菌柄圆柱形，侧生，少数偏生红褐色至紫褐色，光亮，气微香，味苦涩。灵芝作为拥有数千年药用历史的中国传统珍贵药材，具备很高的药用价值，对于增强人体免疫力，调节血糖，控制血压，辅助肿瘤放化疗，保肝护肝，促进睡眠等方面均具有显著效果。

冬虫夏草 冬虫夏草简称虫草。它是由冬虫夏草菌寄生于高山草甸土中的蝙蝠蛾幼虫，使幼虫僵化，在适宜条件下，夏季由僵虫头端抽生出长棒状的子座而形成，即冬虫夏草菌的子实体与僵虫菌核（幼虫尸体）构成的复合体。冬虫夏草是中国传统的名贵中药材。

冬虫夏草、银耳和灵芝如图 4-5 所示。

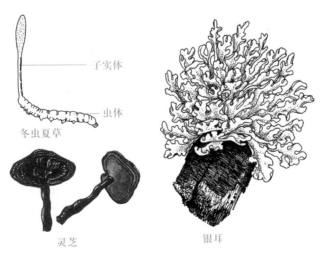

子实体

虫体

冬虫夏草

灵芝

银耳

图 4-5 冬虫夏草、银耳和灵芝

思考与练习

搜集有关抗生素的来源及作用的资料,了解怎样正确使用抗生素。

小朋友的问题

为什么下雨后地上会突然长出很多蘑菇?

蘑菇是用孢子来进行繁殖的。孢子散布到哪里,就在哪里萌发成为新的蘑菇。孢子落到土壤中,就产生菌丝,吸收养分和水分,然后产生子实体,这就是我们看到的蘑菇。子实体起初很小,不容易被人们发觉,等到吸饱水分后,在很短的时间内就会伸展开来。因此,在下雨以后,蘑菇长得又多又快。

第五章 病 毒

本章学习提示

本章介绍病毒界的特点、常见病毒及其与人类的关系。了解一些常见病毒引起的疾病与预防。

本章学习目标

通过本章的学习,将实现以下学习目标:

★ 了解病毒是没有细胞结构、必须寄生的简单生物。

★ 了解常见病毒如流感、艾滋病等病毒基础知识。

一、病毒的特点

1935 年,美国生物化学家斯坦莱从烟草花叶病毒感染的病叶中提取了病毒结晶。经过长期研究,科学家发现病毒有一些与其他生物相区别的特征。

1. 个体非常小

病毒一般用纳米(nm)计算其大小,只有在电子显微镜下才能看到。小的病毒,如黄热病毒的直径为 22nm,大的病毒,如天花病毒的直径则约为 250nm。病毒按形态可分为球状病毒、杆状病毒、砖形病毒、冠状病毒和丝状病毒这几种类型(图 5-1)。

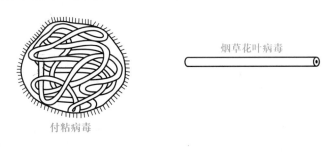

烟草花叶病毒

付粘病毒

球状病毒　　　　　　　　　　　　　　杆状病毒

图 5-1 病毒的形态

2. 无细胞结构

病毒由蛋白质外壳包裹着核酸（DNA 或 RNA）（图 5-2）。病毒不是由细胞构成的，它不能消耗能量用于生长发育，也不能对周围环境做出反应。病毒不能合成食物、消耗食物或制造废物。

3. 在活细胞中寄生，以复制方式增殖

病毒只能在活细胞中增殖。病毒侵入并进行增殖的有机体被称为宿主。被寄生的细胞表面有能与病毒选择性结合的特定化学基因，一旦结合，核酸或整个病毒就会进入细胞质，并立即控制宿主细胞的生物合成系统，按照病毒基因携带的密码进行转录翻译，然后，合成的病毒蛋白质和核酸被装配成新的病毒粒子。通常许多装配好的病毒粒子，以"出芽"或细胞破裂的方式释放。

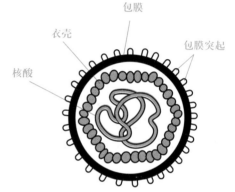

图 5-2 病毒的结构

4. 病毒在增殖过程中极易发生变异

病毒的变异性十分突出。研究表明，形成流感周期性流行的原因是流感病毒不断地发生变异，而每 10 年左右可发生大的变异，变得面目全非，以至于人体内原有的抗体无法识别，原有的药物也失去作用。由于流感病毒易发生变异，疫苗常难以跟上控制流行的需要，因而引起周期性大流行。病毒的变异性极强，这使人类研究病毒性疾病的阻力极大。

小百科

朊 病 毒

朊是蛋白质的旧称，朊病毒意思就是蛋白质病毒。

朊病毒是一类能引起哺乳动物和人的中枢神经系统病变的传染性病变因子。它只有蛋白质而无核酸。朊病毒既有感染性，又有遗传性，并且具有和一切已知传统病原体不同的异常特性。

令人"谈牛色变"的疯牛病就是朊病毒引起的。

二、病毒与人类的关系

1. 病毒的益处

科学家利用病毒能够进入宿主细胞的特性,将遗传物质加载到病毒上,然后将这个病毒作为信使,把这些遗传物质传递给宿主细胞,能从根本上治疗一些疾病。

人们还利用噬菌体来杀灭一些病原菌,从而治疗一些细菌性疾病。烧伤患者的患处很容易感染绿脓杆菌,而绿脓杆菌对许多种抗生素和化学药品的抵抗力都很强,患者容易继发败血症。人们利用了绿脓杆菌体专门寄生在绿脓杆菌上而对人体细胞没有危害的特点,用这种噬菌体来治疗烧伤患者的感染,效果很好。

2. 病毒的害处

病毒性疾病传染性强、传播广,严重威胁人类的生命和健康。人类重要的病毒性疾病目前主要是乙型肝炎、水痘、流行性感冒、麻疹、腮腺炎、风疹、狂犬病、脊髓灰质炎（小儿麻痹）、艾滋病、登革热等。

埃博拉病毒

病毒能引起多种动物如蛙、鸡、仓鼠、小鼠、兔、马及灵长类（猴）等的细胞癌变。现在已经找到了多种致癌病毒。例如,多形瘤病毒是一种 DNA 病毒,能使实验室小鼠细胞恶化。SV_{40} 是 DNA 病毒,能使仓鼠结缔组织生癌。

艾滋病是一种人畜共患疾病,由感染 HIV 病毒引起。HIV 病毒属于 RNA 病毒,是一种能攻击人体免疫系统的病毒。它把人体免疫系统中最重要的 T 淋巴细胞作为攻击目标,产生高致命性的内衰竭。HIV 本身并不会引发任何疾病,而是当免疫系统被 HIV 破坏后,人体由于抵抗能力过低,并感染其他疾病导致各种复合感染而死亡。艾滋病病毒在人体内的潜伏期平均为9~10年,在发展成艾滋病患者以前,患者外表看上去正常,可以没有任何症状地生活和工作很多年。

天花是由天花病毒引起的一种烈性传染病,也是到目前为止,在世界范围被人类利用种牛痘方法消灭的第一个传染病。天花是感染痘病毒引起的,无药可治,患者在痊愈后脸上会留有麻子,"天花"由此得名。天花病毒外观呈砖形,约 200nm×300nm,抵抗力较强,能对抗干燥和低温,在痂皮、尘土和被服上,可生存数月至一年半之久。

思考与练习

查阅资料了解艾滋病的危害、传染途径和预防常识。

第六章 丰富多彩的植物世界

本章学习提示

本章介绍了植物界的特点,重点介绍被子植物的根、茎、叶、花、果实、种子六大器官的形态结构、生理功能及常见种类。

本章学习目标

通过本章的学习,将实现以下学习目标:

★ 了解植物类群的特点及与人类的关系。

★ 了解被子植物六大器官的形态结构和生理功能。

第一节 植物类群概述

地球上的植物,目前已经知道的有 30 多万种。它们的共同特征是:由有细胞壁和叶绿素的真核细胞构成,能进行光合作用,缺乏感觉、运动和神经系统,是自养型生物。根据植物的生殖特点,可以将植物分为孢子植物和种子植物两大类。孢子植物主要包括藻类植物、苔藓植物和蕨类植物。这 3 类植物的孢子都可以脱离母体而发育,孢子植物的受精过程都离不开水。种子植物包括裸子植物和被子植物。种子植物具有发达的根、叶、茎,受精过程已经脱离了水的限制。种子是用于繁殖后代的生殖器官,种子中具有胚,胚外面包着的种皮很好地保护着胚。因此,种子植物抵抗恶劣环境的能力大大加强了,成为地球上最占优势的植物类群。

> **思考与讨论**
>
> 观察了解当地常见的藻类植物、苔藓植物和蕨类植物有哪些,它们的形态结构和繁殖方式与种子植物有什么不同。

一、藻类植物

1. 藻类植物的形态结构特点

藻类植物约有 4 万种,水生的较多,陆生的较少。根据体表颜色不同,一般可把藻类植物分为绿藻(如衣藻和水绵)、蓝藻(如地耳和发菜)、褐藻(如海带和裙带菜)、红藻(如紫菜和石花菜)等。藻类植物有单细胞的,也有多细胞的。即使是个体比较大的藻类植物,也只有起固着作用的根状物和宽大扁平的叶状体。所以,藻类植物的结构很简单,没有根、茎、叶等器官的分化。

小百科

什么是"赤潮"

"赤潮"又称为"红潮"。赤潮是海洋生态系统中的一种异常现象。它是由海藻家族中的赤潮藻在特定环境条件下爆发性地增殖造成的。根据引发赤潮的生物种类和数量的不同,海水有时也呈现黄、绿、褐色等不同的颜色。

大量赤潮生物集聚于鱼类的鳃部,可使鱼类因缺氧而窒息死亡。赤潮生物死亡后,藻体在分解过程中大量消耗水中的溶解氧,导致鱼类及其他海洋生物因缺氧死亡,同时还会释放出大量有害气体和毒素,严重污染海洋环境,使海洋的正常生态系统遭到严重破坏。

赤潮发生后,除海水变成红色外,海水的 pH 会升高,黏稠度会增加,非赤潮藻类的浮游生物会死亡、衰减;赤潮藻也因爆发性增殖、过度聚集而大量死亡。

2. 藻类植物的生殖特点

藻类植物的繁殖是以细胞一分为二的裂殖或特化的配子结合等方式进行的。藻类是只能生长于水中或湿处的低等植物。例如,单细胞衣藻生殖的时候,鞭毛收缩或脱落,细胞质和细胞核等部分进行 1~3 次分裂,形成 2~8 个长有鞭毛的游动孢子。游动孢子在水中游散开来,形成一个个独立生活的衣藻。多细胞藻类的生殖方式有两种:一种是以孢子为基础的孢子生殖,另一种是以合子为基础的有性生殖。藻类植物的生长不经胚胎发育过程。

衣藻的生殖如图 6-1 所示。

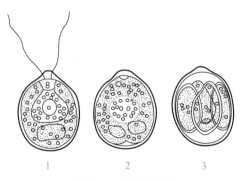

图 6-1　衣藻的生殖

二、苔藓植物

1. 苔藓植物的形态结构特点

苔藓植物门由苔纲和藓纲组成,共有2万多种。苔纲植物通常呈扁平状,匍匐生长(如地钱、毛地钱);藓纲植物一般略呈直立状(如葫芦藓、墙藓)。它们都有假"根""茎""叶"的初步分化,但其中没有维管束,也没有机械组织,因此"叶"又小又薄,植株长得很矮小。几种常见的苔藓植物如图6-2所示。葫芦藓茎和叶的横切面如图6-3所示。

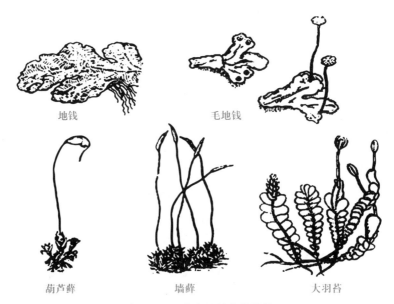

地钱　　　　　毛地钱

葫芦藓　　　　墙藓　　　　大羽苔

图6-2　几种常见的苔藓植物

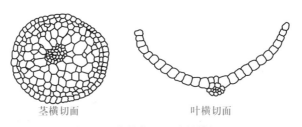

茎横切面　　　　叶横切面

图6-3　葫芦藓茎和叶的横切面

2. 苔藓植物的生殖特点

以葫芦藓为例,在有水浸湿的情况下,精子从精子器中游出,与卵细胞融合,完成受精作用。受精卵发育成胚。胚在母体内进一步发育,向上长出一个长柄,长柄的顶端生有一个葫芦状结构,里面产生许多孢子。孢子飞散出来以后,遇到温暖、湿润的环境,就萌发形成原丝体。原丝体上长有芽,芽发育成葫芦藓植株。由此可见,苔藓植物的生殖离不开水。

葫芦藓的生活史如图 6-4 所示。

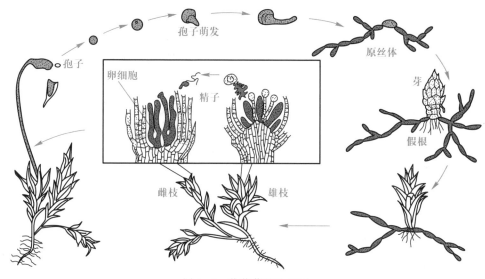

图 6-4 葫芦藓的生活史

三、蕨类植物

1. 蕨类植物的形态结构特点

蕨类植物从 4.25 亿年前的古生代志留纪开始出现,经过很长时间的繁盛,直到 2.8 亿年前的古生代二叠纪才逐渐衰落,现存 1 万多种。几种常见的蕨类植物如图 6-5 所示。我们现在发掘的煤炭,有很多是当年蕨类植物因地壳运动被埋藏到地层深处形成的。

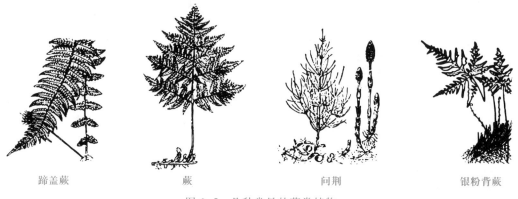

| 蹄盖蕨 | 蕨 | 问荆 | 银粉背蕨 |

图 6-5 几种常见的蕨类植物

蕨类植物开始出现了维管束,分化出了含输导组织和机械组织的真正根、茎、叶。蕨类植物的根可以扎入较深的土壤中吸收水分和无机盐,高举的茎和叶能更好地进行光合作用。因此,蕨类植物长得比较高大,抵抗干旱能力也比较强。

蕨的根状茎横切面如图 6-6 所示。

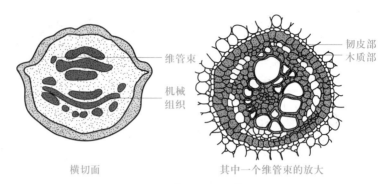

韧皮部
木质部
维管束
机械
组织

横切面 　　　　其中一个维管束的放大

图 6-6　蕨的根状茎横切面

2. 蕨类植物的生殖特点

从图 6-7 可知,铁线蕨的孢子囊群里面有许多个孢子囊,每个孢子囊里都产生许多孢子。铁线蕨的孢子是十分微小的细胞,这些孢子在适宜的条件下能够萌发长成原叶体。在原叶体浸着水的时候,精子从雄性生殖器官游到雌性生殖器官中,与雌性生殖器官的卵细胞融合,完成受精作用。受精卵在雌性生殖器官里发育成胚,胚则继续发育成铁线蕨植株。原叶体的放大如图 6-8 所示。

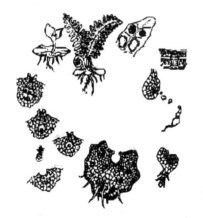

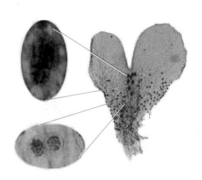

图 6-7　蕨的生活史 　　　　图 6-8　原叶体的放大

蕨类植物也是依靠孢子繁殖后代的,并且受精过程必须有水。

小百科

蕨类植物的作用

蕨类植物中,有许多种类具有药用价值。如肾蕨可以用来治疗感冒、咳嗽、肠炎和腹泻;银粉背蕨有止血作用;杉蔓石松能祛风湿,舒筋活血;乌蕨可治菌痢、急性肠炎;长柄石韦可治急、慢性肾炎、肾盂肾炎等。

蕨类植物可供食用的种类也较多。幼嫩时可做菜蔬的有蕨菜、毛蕨、菜蕨、紫其、西南凤尾蕨、水蕨等。不但鲜时做菜用,亦可加工成干菜。许多蕨类植物的地下根状茎含有大量淀粉,可酿酒或供食用。

蕨类植物还可净化空气。室内摆放蕨类植物,吸收甲醛的效果比吊兰还要好。

实践活动

在校园中寻找藻类植物、苔藓植物和蕨类植物,仔细观察它们的生长环境和形态特点。

四、裸子植物

裸子植物早在古生代就开始出现,到中生代、新生代已繁茂成林。裸子植物现仅存800余种,多为乔木,有些种类还是举世闻名的珍稀植物。

思考与讨论

看一看 想一想

观察校园及周边环境的裸子植物,想一想:它与被子植物有什么不同?为什么叫裸子植物?

1. 裸子植物的形态结构特点

裸子植物具有发达的根系、茎、叶、球花和种子。但球花都是单性花,不具子房,种子裸露,因而得名裸子植物。裸子植物体内具有大量管胞,兼有输导和支持的双重作用,植物体内的输导和支持功能比孢子植物明显增强。所以,裸子植物可以生长得很高大。但是管胞的输导功能不如导管,韧皮部中只有筛管没有伴胞,导致水分及有机物的输导效率较低。与之相适应,裸子植物的叶长成针形、条形或鳞片状,可耐受水分相对短缺之苦。由于上述特征,裸子植物普遍生长较缓慢。

裸子植物木质部的立体结构图解如图6-9所示。

2. 裸子植物的生殖特点

以松树为例,其花粉很适合在空气中飘荡,经过风力传播,花粉粒落在胚珠上,并且在胚珠内萌发形成花粉管。花粉管中的生殖细胞分裂成两个精子,但仅一个精子与卵细胞融合成合子,合子发育成胚。可见,裸子植物的受精过程不需要水。裸子植物能够产

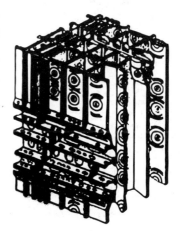

图6-9 裸子植物木质部的立体结构图解

生种子,但是,裸子植物的胚珠是裸露的,没有子房壁包被。因此,种子是裸露的,没有果皮包被。

松树的生殖过程如图 6-10 所示。

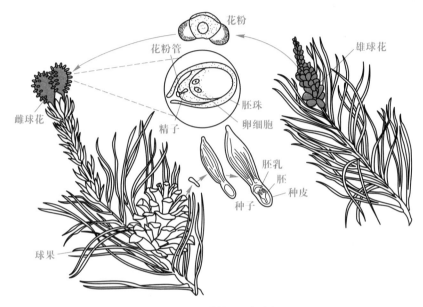

图 6-10　松树的生殖过程

3. 常见的裸子植物

（1）南洋杉

南洋杉属常绿乔木。树形为尖塔形,枝叶茂盛,叶片呈三角形或卵形。南洋杉性喜温暖、湿润,耐阴,不耐寒。南洋杉树形姿态优美,它和雪松、日本金松、巨杉、金钱松被称为世界五大公园树种,最宜独植作为园景树或作纪念树,亦可作行道树。南洋杉如图 6-11 所示。

（2）银杏

银杏属落叶乔木,是现存种子植物中最古老的孑遗植物。银杏叶片呈扇形（图 6-12）,在长枝上散生,在短枝上簇生。球花单性,雌雄异株。银杏生长缓慢,一般要 20 多年才能结实,故又叫公孙树。通过嫁接可使银杏 3～5 年结实,种子俗称"白果"。银杏的种子有 3 层种皮（图 6-13）:外种皮肉质,含有毒物质;中种皮色白而坚硬;内种皮膜质。胚乳黄色,子叶 2 枚。种子可入药,有治疗哮喘等疾病的功效。银杏树形美丽,是优良的园林绿化树和行道树种。

图 6-11　南洋杉

图 6-12　银杏的叶

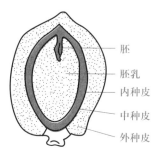

图 6-13　银杏的种子

（3）杉

杉属常绿乔木,树冠幼年期为尖塔形,大树为广圆锥形,树皮褐色,裂成长条片状脱落。叶披针形或条状披针形,有细锯齿,螺旋状地着生在枝上(图 6-14)。杉性喜温暖、湿润气候,不耐寒,在我国分布较广。杉的木材纹理细致,耐朽,可用于建造桥梁、造船或做电线杆等,为我国的重要用材树种。

（4）侧柏

侧柏又叫扁柏、香柏。侧柏属常绿乔木,在我国分布极广。北起内蒙古、吉林,南至广东及广西北部,人工栽培范围几遍全国,是优良园林绿化树种。侧柏的小枝扁平,排列成一个平面,直伸或平展。侧柏的叶很小,鳞形(图 6-15)。木质软硬适中,细致,有香气,耐腐力强,多用于建筑、家具、细木工等。种子、根、叶和树皮可入药。用种子榨油,供制皂、食用或药用。

图 6-14　杉

图 6-15　侧柏

（5）雪松

雪松是常绿乔木。树冠尖塔形,大枝平展,小枝略下垂。叶针形,质硬,灰绿色或银灰色,在长枝上散生,短枝上簇生。10—11 月开花。球果翌年成熟,椭圆状卵形,熟时赤褐色。雪松体形高大,树形优美,为世界著名的观赏树(图 6-16),长江流域各大城市中多有栽培。雪松最适宜孤植于草坪中央、建筑前庭、广场中心等处;列植于园路两旁,形成甬道,亦极为壮观。雪松木材坚实,纹理致密,供建筑、桥梁、枕木、造船等用。

（6）马尾松

马尾松属常绿乔木,我国主要分布在江淮流域及其以南地区。马尾松花单性,雌雄同株。叶针形,常两针一束,细长而柔软(图6-17)。马尾松是荒山造林的先锋树种,也是重要用材树种。松木主要用作建筑材料、枕木、矿柱、制板、包装箱、火柴杆、胶合板等。木材极耐水湿,特别适用于水下工程。马尾松也是我国主要产脂树种,其松香树脂主要用于造纸、橡胶、涂料、油漆、胶粘等工业。

为什么冬天松柏树是常绿的?

图6-16 雪松

图6-17 马尾松

五、被子植物

1. 被子植物的形态结构特点

被子植物起源于距今约1.45亿年前的侏罗纪晚期。植物体一般是由根、茎、叶、花、果实和种子这六种器官构成的。种子外面有果皮包被,为种子提供了理想的营养和保护作用。此外,被子植物的输导组织进一步完善,木质部出现了大口径的导管,韧皮部分化出伴胞,大大提高了输送水分、无机盐和有机物的效率。这些都为被子植物经受严酷的自然竞争迅速扩展其生存领域奠定了坚实的生物学基础。现在被子植物已发展到25万种之多。

2. 被子植物的生殖特点

被子植物的生殖器官是花和果实。被子植物的花具有由花萼和花冠构成的花被,胚珠的外部有子房包被。花粉经风媒或虫媒传落到雌蕊的柱头上后,长出花粉管。管内的生殖细胞分裂成两个精子,顺管而下,进入胚珠,到达胚囊,进行被子植物特有的双受精。此后,受精卵发育成胚,受精极核发育成胚乳,珠被发育成种皮。这三部分合为种子,子房壁则发育成包在种子外面的果皮。

实践活动

观察当地常见的裸子植物,识别这些裸子植物的形态特点,并且知道它们的名称。

思考与练习

1. 为什么说苔藓植物属于低等植物范畴?
2. 为什么盆栽的蕨类植物应当放在室内或背阴处?
3. 了解植物中有哪些是我国特有的珍稀树种。

小朋友的问题

我们吃的蕨菜是蕨的茎吗?

答:我们吃的蕨菜是其地下茎上长出的未展开的幼嫩叶芽。蕨菜茎在地下。

第二节　被子植物的形态与生理

被子植物由根、茎、叶、花、果实和种子6种器官构成完整的植物体。根、茎、叶担负着营养植物体的生理功能,叫作营养器官;花、果实和种子都与植物体的生殖有关,叫作生殖器官。

思考与讨论

看一看　想一想

观察白菜、葱、绿萝、秋海棠、萝卜、红薯等植物的根,想一想并回答:

1. 这些植物的根各有什么特点?
2. 萝卜、红薯的食用部分是果实吗? 为什么?

一、根

在植物界中首先拥有了"根"的是苔藓植物。苔藓植物尚未出现维管束,这种根输送水分的能力很差,只能称为"假根",所以苔藓植物生活在潮湿的地方。从蕨类开始,植物有了维管束,根、茎、叶才能发达、挺立。尤其是被子植物,它们的维管束相当完善,无论在结构上还是在功能上都达到了很高水平。根是由种子的胚根发育而成的器官。通常向地下生长,使植物体固定在土壤中,并且从土壤中吸收水分和无机盐。根一般不分节,不生叶。

1. 根的形态

植物的根往往不止一条,一般把一株植物所有根的总和叫做根系。根据根系的来源和形状,可以把根系分为直根系和须根系两大类型。

(1) 直根系

种子萌发,往往是胚根首先从萌发孔长出,扎入土壤,以后胚逐渐长大成主根,同时从主根分生出侧根,并可一再分生,但主次依然分明(图 6-18)。多数木本植物的根都是直根系。这种根系入土扎得深,既能从较深层的土壤中汲取水分和无机盐,也有利于根深叶茂,植株挺拔,如樟树、杨树、菠菜的根系(图 6-19)。

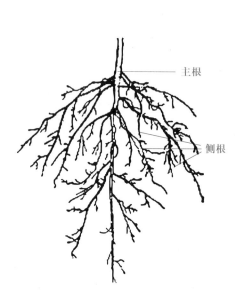

图 6-18　主根和侧根　　　　　图 6-19　杨树的直根系

（2）须根系

许多单子叶植物的胚根发育迟缓,或主根长成后不久即死亡,与此同时,从胚轴或茎下部长出不定根。这些根彼此独立,略有分支,大小相当,这种根系称为须根系。须根系入土不深,基本上都是草本植物,如玉米、水稻、葱的根系(图 6-20)。

（3）变态根

有些植物根系或根系的一部分可发育、演变成适应各种环境、具有某方面突出功能、形态各异的变态根。常见的变态根有以下几种。

贮藏根　贮藏根也叫作肉质根。它们形体肥大,里面贮藏着大量营养物质。贮藏根又分为肥大直根和块根两种。肥大直根是由主根发育而成的,每株只能形成一个,如萝卜、胡萝卜、甜菜等(图 6-21)。而块根是由侧根或不定根发育而成,一株可以形成许多个,例如甘薯、麦冬、山药等(图 6-22)。

气生根　生长在空气中的根叫作气生根。它包括支持根、攀缘根和呼吸根。如玉米、高粱、甘蔗等从基部茎节上长出许多根,扎入地下,具有支持植物抗倒伏的功能,这些根叫作支持根(图 6-23)。南方的榕树常从较下

图 6-20　水稻的须根系

部的茎上长出一些须根,飘逸空中,从大气中吸收少量水分。这些根落地后能够不断长粗,以支持庞大树冠,形成"独木成林"的奇特景观,这些也是支持根(图6-24)。

图6-21　萝卜的肥大直根

图6-22　山药的块根

图6-23　玉米的支持根

图6-24　榕树的支持根

　　凌霄、常春藤(图6-25)等植物,通过茎上的不定根攀附在山石、墙壁或树干表面,向上生长,这样的根叫作攀缘根。

　　有些水生植物的根系长年浸泡在水中,氧气供给不足。因此树干下部的一些根能背地向上生长,露出水面,以此获得必需的氧气,这种根叫作呼吸根,如水松、红树等植物(图6-26)。

　　板状根　在热带和亚热带木本植物中,常见有些树从树干基部向下生出薄板状的大型木质根,叫作板状根。如榕树和木麻黄的板状根强有力地支撑着植物。

　　寄生根　有少数植物,如桑寄生、菟丝子等(图6-27),它们的不定根钻入其他植物体内直接吸取有机物,这类根叫作寄生根。

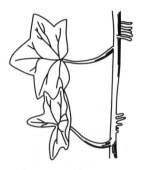

图 6-25 常春藤的攀缘根

图 6-26 红树的呼吸根

植株外形　　　　　　局部放大

图 6-27 菟丝子的寄生根

光合根　有些水生植物的根具有光合作用的功能,称为光合根,如菱及某些附生兰科植物。

菌根　某些土壤真菌能与特异植物的根系共生。这些真菌的菌丝有的侵入细胞内部,有的分布在细胞间隙。真菌可将土壤中的无机盐和含氮有机物转变成植物能吸收的成分,并能分泌维生素、酶和抗生物质,促进根系生长;植物则为真菌提供了生存空间和必需的营养物质。两者相辅相成,相得益彰。

小百科

根　瘤

豆科植物的根有很多瘤状突起,叫作"根瘤"。由于土壤中的根瘤菌被豆科植物根毛分泌物吸引,聚集在根毛周围,它的分泌物使根毛细胞壁溶解,使根瘤菌侵入根内,并大量繁殖。根细胞受根瘤菌侵入的刺激,反复地进行分裂,体积膨大,形成根瘤。根瘤菌从豆科植物中获得水分和养料,进行生长繁殖。根瘤菌能把空气中的游离氮转变为豆科植物能利用的含氮化合物,为豆科植物提供大量氮素,形成豆科植物与根瘤菌的共生关系,使豆科植物体内含有较多的氮素。因此,很多豆科植物可作绿肥,如紫云英等。据估计,地球表面每年豆科植物根瘤菌固氮约 5 500 万吨,占整个生物固氮总量的55%。

2. 根的功能

俗话说,根深才能叶茂。这句话形象地道出了根在植物结构中的关键性作用。

（1）吸收与输导作用

根系能从土壤中吸收水分、无机盐及可溶性有机氮。水溶液经根毛等细胞吸收,先横向输送到中柱(图 6-28),再经木质部中的导管或管胞(裸子植物无导管)纵向向上输导。据研究,水向上输导的动力来自两方面:一方面是植物叶片蒸腾作用产生的对根部水溶液的抽吸力;另一方面,根毛区细胞的细胞质与土壤溶液的渗透压差,促使水溶液沿木质部导管上涌。

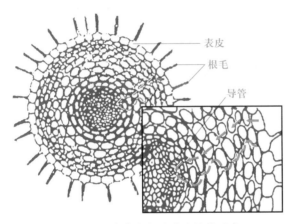

图 6-28　水分由根毛进入导管示意

（2）固着与支持作用

无论是直根系还是须根系,它们都与土壤颗粒紧密贴合,形成强大的固着力。尤其是粗壮的直根系,为枝叶挺立上举提供了必不可少的坚实根基。

（3）贮藏作用

根的薄壁细胞是贮藏营养物质的场所,尤其是膨大的肉质根,营养贮藏十分丰富。

（4）合成作用

实验证明,根能合成不少氨基酸、激素、植物碱、有机氮等有机物。这些有机物可以通过筛管输送到植物的地上部分加以利用。

（5）繁殖作用

有些植物的根在适宜条件下可直接分化出不定芽,并进而长成植株。也就是说根能进行无性繁殖,如木麻黄、桑树等植物。

小百科

灌溉和施肥

植物在生活过程中,不断地通过根系从土壤中吸收水分和无机盐。一旦停止吸收,植物就不能生活下去。然而,土壤中的水分和无机盐含量往往不能满足植物正常生活需要。这就要求人们根据各种植物的需要,适时进行合理灌溉和施肥。例如,凤仙花比仙人掌需要浇灌更多的水。又如,种植小麦、水稻、玉米、花生等以果实为主要收获对象的农作物时,为了使果实长得饱满,需要适当多施一些磷肥。种植红薯、马铃薯等以块根、块茎为主要收获对象的农作物时,为了促进淀粉的积累,需要适当多施一些钾肥。种植大白菜、菠菜等以叶为主要收获对象的农作物时,为了促进叶生长得肥大,需要适当多施一些氮肥。

思考与练习

1. 直根系和须根系的主要区别在哪里?

2. 下面的顺口溜是水稻、萝卜、菟丝子、榕树和大豆5种植物的对歌。试区分各指的是哪种植物和哪种类型的根。

顺口溜	植物名称	根的类型
什么根粗又壮? 什么根细又长? 什么根上长瘤突? 什么根像拐杖? 什么根在别的植物体内长?		

二、茎

茎是种子的胚芽向地上生长的部分,是植物体的中轴。茎支撑着叶、花和果实,并且将根吸收的水分和无机盐及叶制造的有机物输送到植物体各个部分。

思考与讨论

观察桃树、爬山虎、葡萄、牵牛、草莓的茎,分析莲藕、马铃薯、洋葱和荸荠,思考并讨论以下几个问题:

1. 茎有哪些主要特征?

2. 桃树、爬山虎、葡萄、牵牛和草莓的茎在形态上有什么不同?

3. 莲藕、马铃薯、洋葱和荸荠是变态根吗?

1. 茎的形态

茎具有明显的特征:顶端有顶芽,节上的叶腋处有侧芽(也叫腋芽)。顶芽和侧芽中,将来发育成枝条的叫作叶芽;将来发育成花的叫作花芽。茎上有节和节间,叶着生在节上(图6-29)。

2. 茎的类型

参照植物茎的生长习性,可将茎分为以下几种类型。

(1) 直立茎

直立茎一般指能自立在地面上的茎。如杨树、桃树、向日葵、水稻等大多数植物的茎都属于直立茎。

(2) 攀缘茎

由于茎中机械组织欠发达,茎不能自立。与此相适应,以卷须等其他特有的变态器官攀缘他物向上生长的茎,称为攀缘茎,如黄瓜、丝瓜、葡萄(图6-30)、爬山虎(图6-31)等。

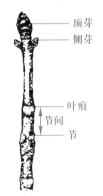

图6-29 直立生长的茎的外形

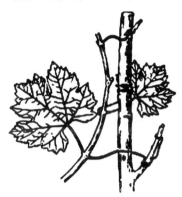

图6-30 葡萄的攀缘茎

(3) 缠绕茎

柔软而不能直立,以茎的本身缠绕着其他物体向上生长的茎,称为缠绕茎,如牵牛(见图6-32)、菜豆、金银花、紫藤等。

图6-31 爬山虎的吸盘状结构

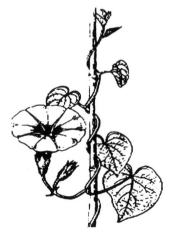

图6-32 牵牛的缠绕茎

（4）匍匐茎

平卧地面生长,节不仅向上长叶,还向下长出不定根的茎称为匍匐茎,如草莓、甘薯（图6-33）等。

图6-33　甘薯的匍匐茎

（5）变态茎

由于功能改变了,茎的形态和结构也发生了改变,属于变态茎。变态茎有许多类型,有的长在地上,有的长在地下。

茎卷须　许多攀缘植物的卷须是由枝变态而成的,常出现在叶腋间或叶的对生处,用来攀附其他物体向上生长,如黄瓜（图6-34）、南瓜、葡萄等的卷须。

茎刺　有些植物的一部分枝变成刺,着生在叶腋里,叫作茎刺,也叫枝刺,具有保护作用,能防止动物或不太大的其他外力伤害植物体,如山楂、皂荚（图6-35）的刺。

图6-34　黄瓜的茎卷须　　　　　　图6-35　皂荚的茎刺

月季、玫瑰、蔷薇等植物茎上也长有刺,但这是由茎的表皮形成的皮刺。与茎刺不同的是,皮刺无规则地分布在茎上,比较容易剥离下来。

肉质茎　仙人掌、茎蓝、莴苣（图6-36）等植物的茎肉质肥厚,能够贮藏水分和养料,这种茎叫作肉质茎。

根状茎　匍匐生长在土壤中,形态变成根状的地下茎叫作根状茎,如莲藕（图6-37）、芦根、竹鞭等。

块茎　块茎是指短缩、肥大的地下茎。马铃薯块的表面有许多凹陷,这些凹陷叫作芽眼。芽眼着生在叶腋里,相当于节的位置（图6-38）。因此,马铃薯块是块茎而不是块根。洋姜（又名菊芋）的地下茎也是块茎。

图 6-36　莴苣的肉质茎

图 6-37　莲藕的根状茎

芽眼里的芽

着生鳞片叶的地方

图 6-38　马铃薯的块茎

　　球茎　球茎是指肥大、短而扁圆的地下茎。如荸荠（又叫马蹄）、慈姑、芋头的地下茎都属于球茎（图 6-39）。

　　鳞茎　鳞茎是指由多数肉质鳞片叶包裹着短缩茎（鳞茎盘）而成的球形地下茎，如蒜、郁金香、水仙、洋葱（图 6-40）等。

荸荠

慈姑

图 6-39　常见的球茎　　　　　　　　　图 6-40　洋葱的鳞茎

小百科

养水仙小窍门

1. 挑选

要使水仙花开得好,要从挑选鳞茎开始。个大、坚实、根盘宽大肥厚内陷、外衣深褐色、完好明亮的,质量好。一般桩头越大,开花越多、越旺。

2. 清洗

水仙可由专业人员雕刻,不雕刻也可,入清水浸泡一天后将黏液、残存污泥、残根及枯皮除净,可防止球茎腐烂及变色。

3. 水养

为了保证根系迅速生长和防止伤口变黄、发黑,可以用脱脂棉、纱布或餐巾纸盖住鳞茎伤口及鳞茎盘,并将一端垂入水中,以供刚萌发的根系吸收、生长。

4. 光照

刚开始水培时应让其在较低温度下充分接受光照,具体方法是:只要白天室外没有冰冻,就将水仙置于室外向阳处尽量多接受阳光的直接照射;晚间取回室内将盆水倒尽,这样可以控制叶片疯长。

5. 护理

开始浸泡前半个月,要保持每天换水,以后可以隔天换水。保持水的清洁,以免烂根。

水仙开花的持续时间一般可达20天以上。按鳞茎质量和养护条件不同,开花期会有较大的差异,从水培开始40~50天可以开花。开花早晚主要取决于温度高低,低温下生长缓慢,提高温度则可使水仙提前开花。

3. 茎的功能

植物的茎大多挺立在地面之上,上头托起绿叶、鲜花、硕果,下面连接四通八达的根系,发挥着承上启下的重要作用。茎的主要生理功能包括以下几方面。

（1）支持作用

植物主要依靠木质部(木本植物)或下表皮和维管束鞘(单子叶植物)厚壁细胞起支撑和加固作用。

（2）输导作用

茎的输导作用可分为两个方面:水分和无机盐的输导,有机养料的输导。它们的输导方向、途径和动力都是不同的。

实践活动

探究植物体内水分的运输途径和动力

实验原理

水分和无机盐利用木质部的导管运输。

实验目的

了解水分和无机盐的运输途径。

实验材料

桃树树枝、红色液体、玻璃容器、刀片。

实验过程

1. 剪取一段带叶的桃树嫩枝,将枝条的下端插入盛有红色液体(如稀释的红墨水)的玻璃瓶中,放在阳光下照射。

2. 叶脉出现微红时,从瓶里取出枝条,用清水冲洗干净,剪去叶子。

3. 把枝条分成两段,一段横切,另一段纵切,可以看到茎内有些部分被染成了红色,被染红的部分就是木质部的导管,其他部分没有染上色。

想一想

1. 实验说明水分在植物体内是怎样运输的?

2. 水分在植物体内上升的动力是怎样产生的?

水分的输导 由根毛吸收进来的水分,经过根毛区皮层组织达到中柱的导管,然后向上运输,沿着茎和叶柄的维管束,输送到叶子,形成植物体内的上升液流。也就是说,水分在植物内输导的方向主要是自下而上的,输导的途径是木质部的导管。根部细胞吸收的水分沿着根、茎、叶等器官中的导管向上运输的动力,主要来自叶片因蒸腾失水而产生的蒸腾拉力。

有机物的输导 实验证明,叶通过光合作用制造的有机物,是通过树皮里韧皮部的筛管,自上而下输送到植物体的其他各个器官中去的。

实践活动

验证有机物在植物体内输导的方向和途径

实验原理

有机物利用韧皮部的筛管运输。

实验目的

了解有机物的运输途径。

实验材料

树枝、刀片。

实验过程

1. 选取手指般粗细、生长健壮的木本植物枝条,环状剥去一圈树皮,露出白色木质部。

2. 过一段时间后观察,伤口上部形成了瘤状突出。这是因为树皮被环割一圈以后,韧皮部的组织已被切断,有机物自上而下运输时受阻,只能在切口的上方积累起来,使那里的细胞分裂和生长加快,所以那里的树皮就膨大起来而形成了瘤状突起。

（3）贮藏作用

茎的皮层及维管束中有大量的薄壁组织，植物光合作用产生的有机物，如淀粉、糖类、脂肪和蛋白质等，可以暂时或长期地在薄壁组织中贮藏。

（4）繁殖作用

人们常用植物的茎来繁殖植物后代。例如，利用枝条进行扦插、压条、嫁接来繁殖苗木。马铃薯的块茎、莲藕的根状茎、荸荠、芋头的球茎、大蒜鳞茎上的侧芽（蒜瓣）等地下茎，也都可以用来繁殖新的植株。

小百科

植物的分泌物对其生存的作用

很多植物都会产生各种各样的分泌物，它们一般都出现在树杈、树干等处，还有比较浓烈的气味。这些分泌物是一种有效的防腐剂，它能够抑制细菌的繁殖，赶走伤害它的害虫，使自身得到保护。松树受到伤害时，会流出分泌物把伤口封闭起来，这种分泌物叫作松脂，具有一定的杀菌力。松脂可用来提炼松香。

有些植物在没有受伤的情况下，也会产生大量的分泌物，且没有浓烈的气味。比如在春天，桃树的树皮上常会出现一堆堆带黏性的桃胶，桃胶上往往会有一些蚜虫或其他小昆虫的尸骸。桃树在春夏最容易遭受蚜虫的侵害，而它恰恰在这个时候分泌物最多。这是因为，桃胶又软又黏，一堆堆地聚在树干和树杈上，就像许多"陷阱"，封锁了通往嫩芽嫩叶的道路，蚜虫等小虫想爬到叶上，就很容易落入陷阱而无法脱身。

植物分泌物对于植物生存有着相当大的作用。这些作用究竟有多大，表现在哪些方面，还有待于深入探讨。

实践活动

嫁　　接

实验原理

植物受伤后具有愈伤的机能。

实验目的

了解嫁接技术。

实验材料

两盆不同花色的宝巾花，剪刀、刻刀、消毒棉、透明胶带、酒精棉球。

实验过程

1. 用酒精棉球消毒剪刀、刻刀。

2. 选一年生尚未萌发且健康的枝条，剪成 5~8cm 长的茎段，每段必须有两个以上芽点。从横切面向上 2~3cm 处削成楔形，将叶子去掉，做成接穗。

3. 按照接穗的粗细,将砧木剪断,在砧木截面的中线部位向下做 2~3cm 的切口。

4. 将宝巾花的接穗插入宝巾花的砧木切口内,用透明胶带缠牢。

5. 观察嫁接后接穗的成活情况。

思考与练习

1. 按照芽的生长位置和将来的发育目标,芽可以分为哪些类型?

2. 水分和有机物是怎样在植物体内输导的?

3. 严格区分变态根与变态茎,并在括号内填写变态根或变态茎的名称。

土豆是(　　　　　)　　莴苣是(　　　　　)　　荸荠是(　　　　　)

莲藕是(　　　　　)　　生姜是(　　　　　)　　大蒜是(　　　　　)

胡萝卜是(　　　　　)　　竹鞭是(　　　　　)　　柑橘的刺是(　　　　　)

麦冬是(　　　　　)

小朋友的问题

树干为什么会不断长粗?

树皮与木质部之间有一圈叫做形成层的结构,能够不断地进行细胞分裂,产生新的细胞,使得树干不断地长粗。

三、叶

叶是由芽发育而成的,通常在叶的着生处长有腋芽。叶有规律地着生在枝(或茎)的节上,是植物进行光合作用和蒸腾作用的主要器官。

1. 叶的形态

思考与讨论

采集红薯、苹果、桃、水稻、银杏、枫树、莴笋的叶,观察并思考:

1. 这些叶分别由哪几部分组成? 它们的叶片呈什么形状?

2. 怎样区分单叶和复叶?

（1）叶的构成

一片完全叶由三部分构成:即叶片、叶柄和一对托叶。叶片基本为扁平状,有利于植物获得充足的光照。绝大多数被子植物的叶都有叶片和叶柄,很多植物的叶无托叶。有的植物既无托叶也无叶柄,只有叶片,如莴笋(图 6-41)。少数植物缺托叶和叶片,仅由叶柄扩展长成类似叶片的扁平状构造,如相思树。

（2）单叶和复叶

在一个叶柄上只生一个叶片的,叫作单叶。在一个叶柄或叶轴上生长若干小叶,每

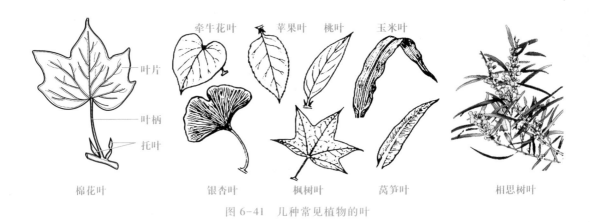

图 6-41 几种常见植物的叶

一片小叶完全独立,甚至还有各自的小叶柄,叫作复叶。

　　根据小叶的排列方式,复叶可细分为奇(偶)数羽状复叶、掌状复叶、三出复叶、二回羽状复叶等(图 6-42)。

图 6-42 复叶

　　(3) 脉序

　　叶片上可见各种走向的叶脉,其实它们是贯穿于叶片之中大大小小的维管束,通过叶柄与茎中维管系统相接。按其分出的级序和粗细,叶脉可分成主脉、侧脉和细脉 3 类。根据叶片上叶脉分布的走向,常见脉序有平行脉、网状脉、叉状脉等(图 6-43)。

　　(4) 叶形

　　叶片的形状叫作叶形。根据叶片长度与宽度的比例和叶片中最宽处所在的位置,叶形可以有图 6-44 所示的形状。

　　(5) 叶序

　　叶在茎或枝上排列的方式,叫作叶序。叶序可分为 4 种类型:互生叶序、对生叶序、轮生叶序和簇生叶序(图 6-45)。其中,互生叶序最为常见。

平行脉 网状脉 叉状脉

图 6-43 叶脉

针形 线形 披针形 倒披针形 长圆形 椭圆形

卵形 倒卵形 圆形 菱形 匙形 扇形

肾形 三角形 镰形 心形 倒心形 鳞形

图 6-44 叶形

互生叶序 对生叶序 轮生叶序 簇生叶序
(节上1片叶子) (节上2片叶子) (节上3片或以上叶子) (短茎上多片叶子)

图 6-45 叶序

（6）叶的变态

有些植物的叶，形态和功能都与正常叶不同。这样的叶叫作变态叶。

思考与讨论

看一看 想一想

仔细观察仙人掌的刺、豌豆的卷须、百合的食用部分、猪笼草的"笼子"。想一想：

1. 这些变态叶各有什么特点？
2. 它们对于植物的生活有什么意义？

叶刺 有些植物的叶或叶的某一个部分变化成刺，叫作叶刺。例如，仙人掌上面的针状刺，可降低水分的蒸腾。酸枣叶基部的刺是由托叶变化而成的，具有保护作用（图6-46）。

叶卷须 由叶变化而成的卷须状细须，叫作叶卷须。例如，豌豆顶端的小叶变化而成的卷须，可以使豌豆攀缘在别的物体上生长（图6-47）。

鳞叶 有些植物的叶变化成鳞片状，叫作鳞叶。鳞叶分为肉质鳞叶和膜质鳞叶两种。例如，洋葱、百合（图6-48）的食用部分是肉质鳞叶，肉质肥厚，营养丰富。而荸荠、慈姑和莲藕上长有的膜质鳞叶，具有保护侧芽的作用。

仙人掌

酸枣

图 6-46 叶刺

图 6-47 豌豆的叶卷须

图 6-48 百合的鳞叶

捕虫叶 有些植物的变态叶能捕食昆虫，叫作捕虫叶（图6-49）。如猪笼草的变态叶呈瓶状，茅膏菜的变态叶呈盘状，它们都可以分泌消化液来消化昆虫。

2. 叶的功能

（1）光合作用

一粒小小的种子植入土壤后，只要条件适宜，它就能生根、发芽、开花、结果，此时植株的干重是那粒种子干重的上千倍。植物靠什么进行生长和繁殖？构成植株干重的物质又是从哪里来的呢？构成植株干重的物质中除了少量的无机盐外，绝大部分都是叶片进行光合作用的产物。

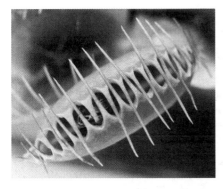

图 6-49 捕虫叶

实验证明,绿色植物光合作用的产物是有机物(淀粉、糖类、脂肪等)和氧,原料是二氧化碳和水,场所是叶绿体,条件是光。

光合作用的总过程,可以用下列化学方程式来表示。

$$CO_2 + H_2O \xrightarrow[\text{叶绿体}]{\text{光能}} (CH_2O) + O_2$$

实际上,光合作用过程十分复杂,它包括许多个化学反应。从整体上看,光合作用大致划分为光反应和暗反应两个紧密相连、相辅相成的阶段。

光反应 这个阶段必须在光的照射下才能进行。光反应受阳光激发,叶绿体吸收光能,经过一系列极为迅速的电子传递和酶促反应,一方面将水分解成氧和氢,释放出氧气,其中的氢将参与暗反应阶段中的化学反应;另一方面叶绿体在酶的作用下,利用所吸收的光能,促成 ATP 的形成,这些 ATP 也参加到暗反应阶段中的化学反应中去。

ATP 是植物细胞内普遍存在的一种含有高能量的有机化合物——三磷酸腺苷,它是植物体内各种生命活动(如细胞分裂和根吸收无机盐)所需能量的直接来源。

暗反应 把 CO_2 同化成有机物,又称为暗反应。这个阶段既可以在黑暗中进行,也可以在光的照射下进行。在暗反应阶段,绿叶吸收的二氧化碳首先与植物体内的一种五碳化合物结合,这个过程叫作二氧化碳的固定。一个二氧化碳分子被一个五碳化合物分子固定以后,形成两个三碳化合物分子。三碳化合物在多种酶的作用下,接受 ATP 释放出的能量并且被氢还原,然后经过一系列复杂的变化形成糖类。这是地球上几乎所有生物都要赖以生存的伟大工程。

光反应和暗反应两个阶段的相互关系可归纳成图 6-50 所示。

综上所述,绿色植物的光合作用,是植物通过叶绿体吸收、利用光能裂解水,将二氧化碳转化成有机物,并释放氧气的过程。光合作用产生的有机物不仅为人类和一切异养生物提供了食物,同时也为许多工业尤其是轻工业提供了必不可少的原料。此外,光合作用将太阳能转化成有机物中的化学能,不仅直接为人类和异养生物提供了生命活动所需的能量,而且这些化学能还可以长期贮藏。煤和石油就是亿万年前植物光合作用直接或间接的产物。

光合作用

树的光合作用

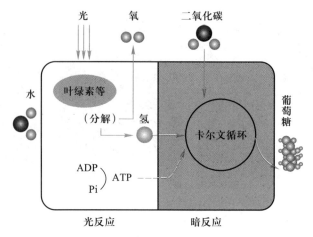

图 6-50　光反应和暗反应的关系

（2）呼吸作用

叶的另一生理功能是进行呼吸作用。其实，不仅是植物体的叶在时刻进行着呼吸作用，凡是植物体具有活细胞的部分（如根、茎、花、果实和种子）也都时刻进行着呼吸作用，即使休眠的种子也有微弱呼吸。

植物的呼吸作用有两种类型：有氧呼吸和无氧呼吸。

有氧呼吸　有氧呼吸是指植物细胞在氧的参与下，通过酶的催化作用，把葡萄糖等有机物彻底氧化分解，最终产生二氧化碳和水，同时释放出大量能量的过程。有氧呼吸是植物体进行呼吸作用的主要形式，通常所说的呼吸作用就是指有氧呼吸。细胞进行有氧呼吸的主要场所是线粒体。一般说来，葡萄糖是细胞进行有氧呼吸时最常利用的物质。

有氧呼吸的过程可以用下面的反应式来表示。

$$C_6H_{12}O_6+6O_2+6H_2O \xrightarrow{\text{酶}} 6CO_2+12H_2O+\text{能量}$$

有氧呼吸的全过程（图 6-51）可以分为 3 个阶段。第一个阶段是，一分子的葡萄糖分解成两分子的丙酮酸，在分解过程中产生少量的氢，同时释放出少量的能量。第二个阶段是，丙酮酸和水彻底分解成二氧化碳和氢，二氧化碳被释放出来，同时释放出少量的能量。第三个阶段是，前两个阶段产生的氢被传递给氧，与氧结合而形成水，同时释放出大量能量。以上 3 个阶段都由不同的酶来催化。在整个反应过程中，释放出的能量只有不足一半储存在 ATP 中，其余的都以热能的形式散失掉了。

无氧呼吸　无氧呼吸是指植物细胞在缺氧条件下，通过酶的催化作用，把葡萄糖等有机物进行不彻底的分解（其产物一般是酒精或乳酸），同时释放出少量能量的过程。这个过

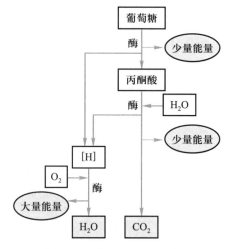

图 6-51　有氧呼吸过程图解

程对于高等植物来说,叫作无氧呼吸。其反应方程式如下:

$$C_6H_{12}O_6 \xrightarrow{\text{酶}} 2C_2H_5OH + 2CO_2 + 能量$$

$$C_6H_{12}O_6 \xrightarrow{\text{酶}} 2C_3H_6O_3 + 能量$$

无氧呼吸的过程也大致分为两个阶段。第一个阶段与有氧呼吸的第一个阶段完全相同。第二个阶段是丙酮酸在无氧的条件下,经过酶的催化作用,分解成酒精和二氧化碳,或者转化成乳酸。无氧呼吸的全过程释放出较少的能量。

苹果储藏久了会有酒味。高等植物在水淹的情况下,可以进行短时间的无氧呼吸,将葡萄糖分解为酒精和二氧化碳,并且释放出少量的能量,以适应缺氧的环境条件。高等动物和人体在剧烈运动时,不能满足骨骼肌对氧的需要,这时骨骼肌内就会出现无氧呼吸,产生乳酸。此外,马铃薯块茎、甜菜块根等在进行无氧呼吸时也可以产生乳酸。

小百科

呼吸作用原理在生活中的应用

小麦、水稻等粮食,通过呼吸作用消耗了自身的有机物,所产生的水分和释放出的热量,又使粮堆的湿度加大、温度升高。这不仅进一步增强了粮食的呼吸作用,而且明显地促进了附着在粮食表面的霉菌的生长发育,从而导致粮食发霉、变质。因此,保持干燥和低温是降低呼吸作用的强度、确保粮食安全贮藏的关键措施。但如果水果、蔬菜像粮食那样进行干燥贮藏,就会造成水果、蔬菜的皱缩,从而失去新鲜状态。为此,通常采用降低温度或氧浓度的办法来降低呼吸作用的强度。例如苹果、梨、柑橘等水果,在 $-1°C$ 的条件下可以贮藏几个月。采用低温速冻的方法,可以使荔枝长期贮藏。降低氧的浓度就是用塑料薄膜覆盖在果蔬的外表,然后抽去水果、蔬菜周围的空气,向内补充氮气并且把氧的体积分数调节到 $3\% \sim 6\%$。经过这样处理的番茄,可以安全贮藏 3 个月以上。

(3)蒸腾作用

水分以气体状态从活体植物体表挥散到大气中的现象称为蒸腾作用。在盛夏,从植物体散失的水分可以带走大量的热量,从而保证植物在烈日暴晒下叶面温度不致上升过高。

植物可经茎及枝条上的皮孔和叶片上的气孔及角质层进行蒸腾作用。皮孔的蒸腾量很小,约占植物总蒸腾量的 0.1%。由于水分不易透过角质层,通过角质层蒸腾的水分仅占总蒸腾量的 $5\% \sim 10\%$。所以,气孔蒸腾是植物蒸腾作用的主要方式。

在温暖潮湿、光照不强的气候条件下,尤其在早晨,植物的蒸腾速率将下降至极低水平,甚至停止。这时如果根部水分供应充足,植物叶尖或叶缘就可能有液滴外泌,这种现象称为吐水。叶尖和叶缘是维管束的终末端,维管束的管胞附近常有与外界相通的小孔——水孔,液体即由此滴出。吐水是根压引起的水分外流,以禾本科植物常见。

为什么移栽
树木时要剪
掉一些枝叶?

（4）叶面吸收

透过角质层,叶片仍可吸收少量水分及溶于水中的无机盐、农药和小分子有机物（如尿素）。利用叶片这个特点,农业上常采用叶面施肥的措施提高农作物产量,具有省肥、速效的突出优点。

实践活动

叶脉书签的制作

实验原理

强碱腐蚀叶肉。

实验目的

了解叶脉标本的制作过程。

实验材料

玉兰树、桂花树、白杨树或菩提树叶,氢氧化钠,无水碳酸钠,烧杯,酒精灯,铁架台,镊子,刷子。

实验过程

1. 选材

选取叶脉交织成网状、叶形美观、质地坚韧、叶片完整的叶（宜选用玉兰树、桂花树、白杨树和菩提树的叶）。

2. 取材

摘取玉兰叶、桂花叶洗净擦干备用。

美丽的植物
标本

3. 称量药品

称取 3.5g 氢氧化钠和 2.5g 无水碳酸钠放入烧杯中,加入 100mL 水,搅拌使之溶解（此比例仅做参考）。可根据叶的老、嫩,适当调整药品用量。

4. 腐蚀叶肉

将叶片放入溶液中,加热煮沸至叶肉变软变黄为止（约 10min）,可在烧杯上加一个玻璃盖,以免发生危险。

5. 刷洗

用镊子取出煮好的叶片（不要用手直接拿,因强碱有腐蚀性）,放在清水中漂洗。取出后平铺叶片,用柔软的旧牙刷把叶片两面已腐蚀的叶肉刷干净,边刷边冲洗,直到只留下叶脉。

6. 将叶脉晾干,涂上喜欢的各种染料进行染色。

7. 用纸巾把多余的染料吸干,夹在书中使其平整。

思考与练习

1. 叶子落在地上,哪个表面向上? 为什么?

2. 分析一下光合作用实质上包含了哪两个方面的转化。

3. 如何才能较长时间地保存好水果和蔬菜?

4. 制作一张压画(画一张植物压画图案,并且采集制作这张压画所需要的新鲜叶子、花瓣等植物器官,压干,依照图案,将这些叶子依次粘贴在白纸上)。

小朋友的问题

为什么秋天树叶会落下来?

答:秋天,天气开始变凉,人们逐渐穿上了厚衣服。可树木呢?只有脱去全身的树叶,尽量减少体内水分的蒸发,才能安全过冬。要不然,天气寒冷,树根已经很难吸收水分了,树叶却大量散失水分,树木就活不成了。因此,冬天到来之前树叶就落下来,这是树木保护自己的一种本能。

幼儿园的绿化美化

四、花

花是被子植物的生殖器官。复杂的生殖过程都是在花中进行的。花还是被子植物分类的主要依据之一。因此,了解花的形态结构,对于研究有性生殖、果实和种子的形成及被子植物的分类都是非常重要的。

思考与讨论

采集扶桑(或棉花)、油菜、玫瑰(或月季)、桃树等植物的花并进行解剖,观察这些花各部分的形态特征。

想一想:这些花在组成和结构上有哪些异同?

1. 花的形态结构

典型的被子植物两性花由花柄(梗)、花托、花被(花萼和花瓣)、雄蕊和雌蕊几个部分构成(图6-52)。

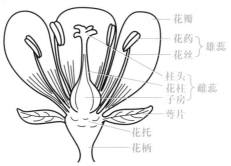

图6-52　被子植物两性花结构图解

(1) 花柄(梗)和花托

花柄(梗)是连接茎和花的短柄,也是花与果的营养输送通道与支持者。花柄的顶端叫做花托,花被和雌、雄蕊着生在其上。花托的形状因种而异,常见的有杯形(桃、蔷薇）、圆锥形（玉兰、草莓）等（图 6-53）。

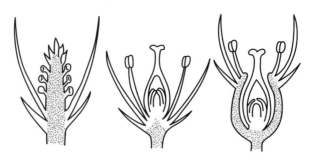

图 6-53　不同形状的花托

（2）花被

花被即花的包被，包括花萼和花冠两部分。它们都是花的附属物。花萼位于花的最外层，具有保护作用。有些花萼细胞含有叶绿体，呈绿色，能进行光合作用。花冠位于花萼内侧，由若干片花瓣构成。花瓣常有颜色，并能产生和释放出挥发性芳香油，有利于引诱昆虫传粉。此外，花冠还具有保护雌、雄蕊的功能。风媒花的花冠多退化，便于花粉随风飘散，如杨树、桑树等。

花冠的形状有多种，常见的有十字形花冠、蝶形花冠、漏斗形花冠、蔷薇状花冠等等（图 6-54）。

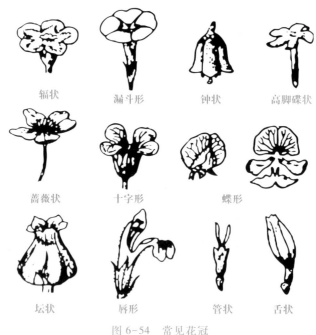

| 辐状 | 漏斗形 | 钟状 | 高脚碟状 |

| 蔷薇状 | 十字形 | 蝶形 |

| 坛状 | 唇形 | 管状 | 舌状 |

图 6-54　常见花冠

（3）雄蕊

雄蕊由花丝和花药两部分组成。花丝着生于花托或花冠基部，顶端着生花药。花药中具花粉囊，内有众多的花粉。

（4）雌蕊

雌蕊位于花的中央,是花的核心部分。多数花只有一个雌蕊,少数较原始的被子植物可有多个雌蕊。雌蕊通常由柱头、花柱和子房三部分组成。

柱头居雌蕊上端。有些风媒花的柱头长成羽毛状,大大提高了从空气中截获花粉的机会。柱头的表面能分泌出水分、各种糖类、脂类、激素、蛋白质和酶等物质。因此,柱头不仅能承接花粉,而且可保证同种花粉的识别及花粉管的萌发。

花柱位于柱头和子房之间,其长短因种而异。花柱不仅是花粉管进入子房的通道,而且还是花粉管生长所需营养的提供者。

子房是雌蕊基部膨大的部分,外周为子房壁。壁内有一至多个子房室。每一室有胚珠。胚珠外有珠被包裹,仅留一珠孔供花粉管穿入。它是被子植物有性生殖的核心部位。

根据子房在花托上的着生位置,可以分为以下 3 种类型(见图 6-55)。

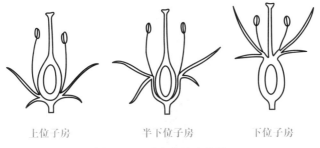

上位子房　　　　半下位子房　　　　下位子房

图 6-55　子房的着生位置

（5）花序

有些植物的花为单生花,花柄直接着生于枝条上。大多数植物的花则是按照一定的顺序,有规律地着生在花轴上,叫作花序。花序可分为无限花序和有限花序两大类。如果位于花轴下部或外围的花先开,渐及顶端或中心,而且花轴能继续生长,并不断分化出新的花芽,这种花序称为无限花序。反之,从花轴顶端或中心开始,花朵陆续绽开,及至下部或外围,花轴不能继续生长,此类花序叫作有限花序。无限花序包括总状花序(如大白菜)、穗状花序(如车前草)、柔荑花序(如杨柳)、肉穗花序(如玉米)、伞形花序(如韭菜)、伞房花序(如梨)、头状花序(如向日葵)等。有限花序可分为单岐聚伞花序(如唐菖蒲)、二岐聚伞花序(如满天星)等。几种常见的花序如图 6-56 所示。

花的结构

　　　　　　　　　　　　　　　　　　　　　　　　　　　伞形花序

总状花序　　　穗状花序　　　　柔荑花序　　　伞房花序　　　头状花序

图 6-56　几种常见的花序

小百科

插花艺术

插花艺术，即指将剪切下来的植物的枝、叶、花、果作为素材，经过一定的技术（修剪、整枝、弯曲等）和艺术（构思、造型、设色等）加工，重新配置成一件精致完美、富有诗情画意、能再现大自然和生活美的花卉作品（图 6-57）的艺术形式。插花艺术起源于人们对花卉的热爱。通过对花卉的定格，表达一种意境来体验生命的真实与灿烂。以"花"作为主要素材，在瓶、盘、碗、缸、筒、篮、盆七大花器内造化天地无穷奥妙的一种盆景类的花卉艺术。其表现方式颇为雅致，令人爱不释手。

图 6-57 花卉作品

2. 花的生殖作用

植物长大后，在各种外因（主要是日照长短）的影响下逐渐进入花芽分化期，分别产生雄蕊和雌蕊。雄蕊的花药中蕴涵众多的花粉，一旦落到成熟雌蕊的柱头上，传粉也就开始了。

（1）传粉

成熟的花粉借助于一定的媒介力量传送到雌蕊的柱头上，这一过程叫作传粉。一般有自花传粉和异花传粉两种方式。

自花传粉 一朵花的花粉落到同一朵花的柱头上的现象，叫作自花传粉。番茄、豌豆等都是这种传粉方式。最典型的自花传粉方式是闭花传粉。如花生和豌豆植株下部的花，雄蕊紧紧地包着雌蕊，在花开放以前花粉就已经成熟，并且完成了传粉。闭花受精的花，它的花粉不会因雨淋而破坏，也不会被昆虫吞食，因此是一种适应现象。当然，像这样严格的自花传粉，在自然界中是少见的。由于风和昆虫的影响，自花传粉植物的柱头上，时常会混杂别的花粉。

异花传粉 异花传粉是自然界中最普遍的传粉方式，是指一朵花的花粉落到另一朵花的柱头上的现象。南瓜、玉米、向日葵等都是异花传粉植物。

与自花传粉相比，异花传粉是一种进化的传粉方式。这是因为连续的自花传粉会导致后代生活力逐渐衰退，而异花传粉植物的后代，具有较强的生活力和适应性。异花传粉虽然能够产生出生活力强的后代，但是遇到不利的环境条件，如因阴雨绵绵而导致昆虫不出来活动时，传粉就得不到保证。自花传粉则能弥补这一缺陷，能够保证传粉过程的顺利完成，并保持了农作物品种的纯度。

异花传粉需要有一定的媒介，这种媒介主要有风和昆虫。此外，水、小鸟、蜗牛、蝙蝠等小动物也能起到传粉作用。

（2）受精

精子与卵细胞相融合的过程就是受精。雌蕊成熟后，柱头上往往分泌出黏液。落到柱头上的花粉受到黏液的刺激以后就开始萌发，逐渐形成细长的花粉管（图6-58）。花粉管伸入到柱头内，沿着花柱向子房生长，花粉管到达胚珠以后，一般通过珠孔进入胚囊。这时，花粉管顶端破裂，两个精子也随之进入胚囊。胚珠通常着生在子房的室内。胚珠的外层是珠被，内部是胚囊。胚囊中通常有一个卵细胞、两个助细胞、一个中

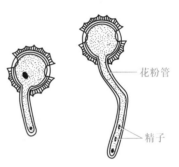

图6-58　花粉的萌发及
花粉管的形成

央细胞和三个反足细胞。从花粉管中释放出来的两个精子，一个精子与卵细胞融合，形成受精卵（合子），受精卵进一步发育成为胚。另一个精子与中央细胞的极核融合，受精极核进一步发育成为胚乳。有些植物的胚乳在种子形成过程中营养耗尽，将营养转存于子叶中，形成肥厚的子叶。这就是被子植物所特有的双受精过程（图6-59）。

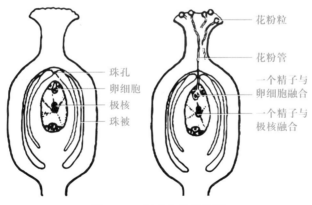

图6-59　胚珠的受精作用

双受精作用

双受精的出现，意味着植物界在其进化历程中跃上了一个新的高度。一方面，通过精卵的结合，使后代秉承双亲的遗传素质，同时还出现一定的新杂交组合。另一方面，胚乳细胞的出现和旺盛分裂积累大量有机物作为营养储备，使被子植物在自然界的竞争中处于十分有利的地位。

小百科

干花的制作方法

风干是最简单、最常用的一种制作干花的方法。选一个温暖、干燥,且通风条件良好的房间,室内温度不低于 10 ℃。有加热设施的房间,或者顶楼、阁楼之类的地方都很好。绣球花、飞燕草、含羞草、艾菊等花,需用细麻线把它们扎成小把倒挂在衣钩或细绳上面。纸莎草、薰衣草、蒲苇花,插在敞口很大的容器里风干,使它们能呈扇形摊开。有的花平摊着放到架子上即可。风干的时间随着花的类别、空气湿度和气温的变化而变化。必须记住,每隔两、三天就要去看一看,闻一闻。如果你的花像纸那样脆了,便大功告成了。

实践活动

萝卜和白菜齐开花

将萝卜(最好是红皮萝卜)拦腰切成两半。把顶部(茎基)的一半倒放,用小刀挖空,挖成一个碗的形状,拴上绳,吊在能晒到太阳的地方。然后把白菜心的顶端切平,放进萝卜"碗"里,再把"碗"里灌满水。以后经常加水,不要让它干了。不久,白菜和萝卜开始发芽,抽薹,接着上面开出黄色的白菜花,下面开出弯向上方的白色或淡紫色萝卜花,十分美丽。可以用来布置幼儿园的自然角。

思考与练习

为什么铁树
千年才开花

1. 夏季玉米开花时,风吹动玉米的雄花序,只见黄色的粉末纷纷落下。这能不能叫做玉米的传粉? 为什么?

2. 剖开成熟的西瓜,常会看到有几粒空瘪的白色瓜子,而其他大部分瓜子却是漆黑饱满的。这是为什么?

3. 自选插花材料、插花形式与主题,练习插花的基本技能与技巧。以小组为单位完成插花作品。

4. 制作一束干花。

为什么昙花
喜欢在夜里
开放?

小朋友的问题

花瓣的颜色为什么多种多样?

花瓣的颜色主要是由花瓣细胞内所含色素决定的。当花瓣细胞含有叶黄素和胡萝卜素时,花瓣呈黄色、橙色或橙红色。当花瓣细胞含有花青素时,花瓣便呈红色、蓝色、紫色等。有些植物的花瓣同时含有上述几种色素,花瓣的颜色就会绚丽多彩。如果花瓣细胞中不含任何一种色素,花瓣就呈白色。

五、果实

植物开花受精以后,吲哚乙酸等植物激素大量合成,促成子房壁等迅速吸收营养,发育成为包裹在种子外围的、具有滋养和保护作用的果皮。由果皮包着种子,果实也就形成了。

思考与讨论

看一看　想一想

仔细观察苹果、橙子、黄瓜、花生、板栗等果实的形态结构。想一想:

1. 这些果实分别是由花的哪部分形成的?

2. 这些果实有什么不同?怎样进行分类?

1. 果实的一般结构

果实都是由果皮和种子组成的。多数植物的果皮是完全由子房壁发育而成的。这类果实叫作真果,如桃子、水稻、辣椒等的果实。少数植物除了子房壁以外,还有花的其他部分(如花托、花被)参与形成果实。这种果实称为假果,如苹果、梨。

果实的形态虽多种多样,但基本结构却是相同的。以桃子的果实为例,其果皮明显地分为外、中、内 3 层。外果皮是一层带有绒毛的薄皮。里面肥厚多肉的部分是由大型的薄壁细胞和维管束形成的,叫作中果皮。中果皮最发达,是食用的主要部分。里面是坚硬的核,核的硬壳是内果皮,是由许多木质化的石细胞形成的,核里面含有种子(图 6-60)。

果实大都有这 3 层果皮。但是,由于植物的种类不同,这 3 层果皮的发育情况也不同。

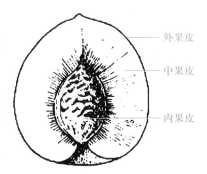

外果皮

中果皮

内果皮

子房与果实

图 6-60　桃子的果实纵切面

2. 果实的类型

根据果实的形态结构不同,可以将果实分为 3 种类型。

（1）聚花果

聚花果是由整个花序发育而成的果实。例如桑葚是由一个雌花序发育而成的,各花的子房发育成为一个小浆果,包藏在肥厚、多汁的花萼中。菠萝(凤梨)和波罗蜜的果实也是很多花长在花轴上,花不孕,花轴肉质化,成为好吃的部分。

（2）聚合果

草莓、莲蓬、玉兰等植物的花有多个雌蕊。每个雌蕊都形成一个小果实,集生在一个花托上。这种果实叫作聚合果。

（3）单果

单果是由一朵花的单雌蕊子房或复雌蕊子房所形成的一个果实。单果又可以分为肉果和干果两类。

肉果 果实成熟后,果皮肥厚、多汁的叫作肉果。常见的肉果有苹果(图 6-61)、葡萄(图 6-62)、柑果(图 6-63)等。

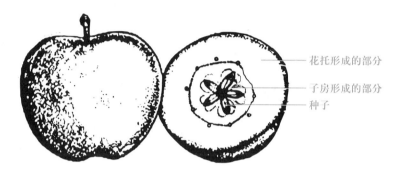

花托形成的部分
子房形成的部分
种子

图 6-61 苹果的外形和横切面结构

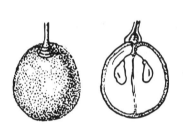 

图 6-62 浆果(葡萄)的外形和横切面   图 6-63 柑果(浆果的一种)的外形和纵切面

干果 果实成熟以后,果皮干燥、无汁的叫作干果。其中,果皮开裂的叫作裂果,果皮不开裂的叫作闭果。

裂果可以分为以下几种:荚果(图 6-64)、蓇葖果(图 6-65)、角果(图 6-66)和蒴果(图 6-67)等。

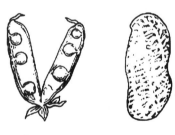

豌豆   花生

图 6-64 荚果

图 6-65　各种各样的蓇葖果

短角果　　长角果

图 6-66　常见的角果

紫堇　　　　曼陀罗　　　　罂粟　　　　棉花

图 6-67　常见的蒴果

闭果可以分以下几种：瘦果、颖果、翅果、坚果和双悬果等（图 6-68）。

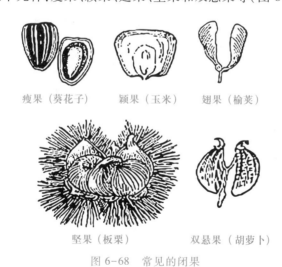

瘦果（葵花子）　　颖果（玉米）　　翅果（榆荚）

坚果（板栗）　　　双悬果（胡萝卜）

图 6-68　常见的闭果

3. 果实成熟时的生理变化

从果实即将形成开始，叶光合作用制造的有机物就源源不断地向果实输送。有机物到达果实后，经过一系列转化，大部分贮藏在果实中。果实里之所以含有大量的营养物质、就是这个原因。

（1）甜味

果实中含有大量可溶性糖,主要是葡萄糖和蔗糖,所以水果都有一定的甜味。果实中的含糖量随着果实发育成熟而逐渐增多。有些果实在发育过程中积累了大量淀粉。这时果实不甜,到成熟时淀粉分解成糖,果实才变甜。香蕉就是这样的。

（2）酸味

一般的水果都带酸味,这是因为果肉细胞中含有很多有机酸,如苹果酸、柠檬酸等。有机酸是由糖类转化而来的,当果实成熟时,一部分有机酸转化成糖,另一部分被氧化而逐渐消失。所以果实成熟后,酸味减少,甜味增加。

（3）维生素 C

水果中常含有维生素 C,如柑橘、番茄、枣中含维生素 C 较多。维生素 C 随着果实的成熟而增加,如柑橘类果实。但柠檬的果实例外,在成熟后期,柠檬果实中的维生素 C 反而减少了。

（4）质地

果实在幼嫩时质地硬,随着成熟而逐渐变软。这是由于果实成熟时,果肉细胞壁之间的果胶钙在果胶酶的作用下分解,结果使细胞彼此分离,因而果实变软。

（5）果皮颜色

幼嫩果实是绿色的,成熟后变成红色、橙色或紫色。这是因为幼果的果皮中含叶绿素较多,以致胡萝卜素、叶黄素或花青素的颜色显示不出来,所以呈现绿色。果实成熟后,叶绿素被破坏,胡萝卜素、叶黄素或花青素的颜色就显示出来,所以呈现红色、橙色或紫色。

（6）涩味和香味

有些果实未成熟时有强烈的涩味,如柿子、香蕉等,这是因为果实中含有可溶性单宁。果实成熟时,单宁被氧化或者变成不溶性物质,所以涩味消失。果实成熟时还有香味,这是因为果实中形成了香精油的缘故。

4. 果实和种子的传播

在长期的自然选择过程中,成熟的果实和种子具备了适应传播的特性。因此,果实和种子成熟后,借助风力、水力、果皮的弹力及人和动物的活动,散布到各处。这对于扩大后代植株生长的范围和植物种族的繁荣是极其有利的。

小百科

花生是怎样结果的?

花生,又称落花生。"落花生"一词是"花落而生实"的意思。花生究竟是怎样结果的? 为什么地上开花地下结果?

花生的雌蕊受精后,子房柄迅速生长,向下钻入土中,子房在土中发育成茧状荚果。经过 50 天左右,果实便成熟了。不过,果实上的柄可不是花生的根,而是子房柄。

花生一定要在黑暗的环境里,它的果实才能长大。如果暴露在有光的空气中,它就不结果。有人曾经做过试验,如果把花生已经入土的子房柄拽出来,它再入土的能力就减弱了。假如把已经形成的小果实挖出来,它就不再钻进土中,并且不能正常生长,果壳变成淡绿色,形状像橄榄。要是在果针没有钻进土壤以前,用不透光的材料把结果的部分包扎起来,它也能结成果实。

思考与练习

1. 花生、石榴、西瓜、核桃、向日葵和枣,我们主要吃这些果实的哪一部分?
2. 用表解的方式,归纳出果实的各种类型。
3. 查阅资料,了解哪些水果不宜拼、摆在一起吃。

小朋友的问题

无花果真的不开花吗?

在人们的印象中,无花果不开花也能结果。其实无花果是开花的。如果我们剖开一个幼嫩的无花果,会发现里面有一些丝状的隐头花序。花序托包裹着无花果的花,使花免受动物和自然环境的伤害。一种非常小的昆虫能钻入无花果球里面,为之传粉。

六、种子

被子植物双受精后,受精卵发育成胚,中央细胞受精后逐渐发育成胚乳。与此同时,胚珠的珠被细胞加速分裂和分化,形成包在胚和胚乳之外的种皮,种子遂告形成。

思考与讨论

看一看　想一想

观察花生、蚕豆、小麦和玉米种子的外部形态,并进行解剖。

想一想:

1. 这些种子在结构上有什么相同之处和不同之处?
2. 种子通常是由哪几部分组成的? 各部分的功能是什么?

1. 种子的基本结构

尽管植物种子的形态、颜色和大小有很大差异,但是它们的内部结构却是基本相同的,通常是由种皮、胚和胚乳组成的。

(1) 无胚乳种子

解剖并观察蚕豆种子可知,蚕豆略呈肾形、扁平状,种皮柔软革质,但干燥后十分坚硬。种子的两端中较宽的一端有一条黑色、眉状斑痕,这是种脐。种脐的一端有种孔。

剥掉种皮,可以看到两片肥厚、扁平的子叶,这两片子叶几乎占去种子的全部体积。子叶中贮藏了大量的营养物质,是人们食用的部分。掰开两片子叶,可以看到子叶着生在短粗的胚轴上。胚轴的一端是幼叶状的胚芽,胚轴的另一端是条状的胚根(图 6-69)。

由此可见,蚕豆的种子是由种皮和胚两部分组成的,是无胚乳种子。

像蚕豆、花生这样,种子的胚具有两片子叶的植物叫作双子叶植物。种子的胚只有一片子叶的植物叫作单子叶植物。如玉米、水稻、小麦、慈姑等。大多数的双子叶植物如花生、大豆、南瓜、向日葵等,以及一部分单子叶植物,如慈姑的种子,都是无胚乳种子。

(2)有胚乳种子

观察小麦的种子可知,小麦的颖果呈椭圆形,腹面有一条腹沟。小麦的胚位于果实背面的基部,所占的比例很小,而胚乳则占了果实体积的大部分。胚由胚芽、胚轴、胚根和子叶四部分组成。小麦的子叶只有一片,呈盾状,叫作盾片。在胚芽和胚根的外表包着一层鞘状物,分别叫作胚芽鞘和胚根鞘。它们对胚芽和胚根起保护作用(图 6-70)。

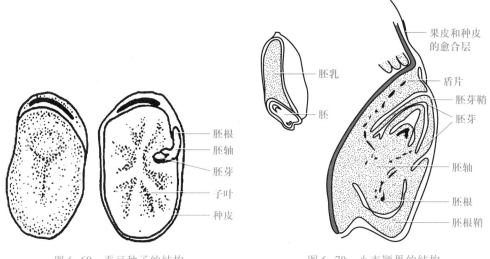

图 6-69 蚕豆种子的结构   图 6-70 小麦颖果的结构

因此,小麦、玉米的种子是由种皮、胚和胚乳三部分组成的。小麦种子的外层是由果皮和种皮愈合而成的。人们日常所说的小麦种子,实际上是小麦的果实。

大部分单子叶植物的种子如玉米、水稻、高粱等,以及部分双子叶植物的种子如蓖麻、烟草、番茄等都属于有胚乳种子。

综上所述,种子通常是由种皮、胚和胚乳三部分组成的。种皮是胚和胚乳的保护性外被。胚是种子中最重要的部分,是一个幼小的植物体,通常由胚芽、胚轴、胚根和子叶四部分组成。胚芽能够发育成新植物体的茎和叶;胚根能够发育成根;胚轴能够发育成连接茎和根的部分;子叶通常为种子的萌发提供营养物质。

胚乳中贮藏有丰富的营养物质,可供种子萌发和幼苗早期生长时利用。大部分双子叶植物,例如各种豆类和瓜类的种子,在成熟过程中,胚乳被生长发育着的胚逐渐吸收,并且把营养物质转移到子叶中贮藏起来了。所以,这类种子在成熟以后,种子中就没有胚乳存在,而形成了两片肥厚的子叶。

2. 种子的生理

在种子形成的过程中,叶子利用光合作用制造的有机物源源不断地运向种子。这些有机物在种子中要经过一系列的转化,才能变成淀粉、脂肪和蛋白质等有机物,并且在种子中贮藏起来。

（1）种子成熟时淀粉的形成

种子形成时,由叶子运来的有机物主要是葡萄糖。葡萄糖到达种子的胚乳或子叶后,在淀粉酶的作用下,逐渐转化为淀粉。这时候,淀粉在细胞中沉淀,由于淀粉不溶于水,所以形成了大小不同的淀粉粒。

（2）种子成熟时脂肪的形成

油料作物种子含有的脂肪也是由糖类转化而来的。实验证明,油料作物种子在形成和成熟的过程中,随着干物重的增加,含油量迅速增大,淀粉和可溶性糖的含量反而下降。这说明脂肪是由糖类转化而来的。其过程是:首先由糖类转化为甘油和脂肪酸,甘油和脂肪酸在脂肪酶的作用下合成脂肪。

在双子叶植物中,脂肪主要贮藏在胚的子叶里。在禾谷类种子中,胚里脂肪含量较多,胚乳里只含少量。玉米油就是从玉米种子的胚里提取出来的。

（3）种子成熟时蛋白质的形成

种子中含有的蛋白质是由氨基酸转化而来的。氨基酸可以由糖类转化而来,也可以在光合作用中产生。氨基酸到达种子和果实后,在蛋白酶的作用下合成蛋白质。

小百科

世界上最大和最小的种子

在非洲东部印度洋中,有一个风光旖旎的群岛之国——塞舌尔。该岛上身躯高大的复椰子树,高达 15~20m。直径 30cm,树干笔直,树叶宽 2m,长竟达 7m。它的种子大得出奇,直径约 50cm。从远处望去,像是悬挂在树上的大箩筐。每个"箩筐"就有 10 多斤,最大的重达 30 斤,的确是世界上最大的种子。

最小的种子则是热带雨林中生长的斑叶兰的种子,1 亿粒种子的质量才有50kg,真可谓小如尘埃。这一大一小,相去甚远。

实践活动1

探究种子萌发的外界条件

1. 提出问题:种子在什么环境下才能够萌发?

2. 做出假设:根据自己的生活经验,做出种子萌发所需环境条件的假设。

3. 制订计划:根据假设,个人设计探究实验计划。

4. 完善计划:4 人一组,讨论个人设计的计划,制订探究实验方案。

讨论问题:怎样探究不同环境条件对种子萌发的影响? 应当将种子分成几组? 每一组应当有多少粒种子? 每一组只有一粒种子可以吗? 对照组应当提供什么样的环境条件? 对每一个实验组的处理,除了所研究的条件外,其他环境条件是否应当与对照组相同? 每隔多长时间观察一次? 对各组实验是否应当同时观察?

5. 实施计划:按确定的计划进行实验,定期观察,记录种子萌发情况。

6. 分析结果,得出结论。

7. 撰写实验报告。

种子萌发的外界条件:充足的空气、一定的水分和适宜的温度。

实践活动2

种子干制标本的制作

将采集来的完整的种子进行晾晒,让它们自然干燥。如果种子含有较多的水分,日后容易发霉变质。也可以将种子放在干燥箱中缓慢烘干(35~40℃)。然后,将干燥后的种子装入标本瓶或种子瓶中。瓶口要盖严,瓶壁上要贴上注明种子名称、采集地点、采集日期和采集人的标签。

思考与练习

1. "双子叶植物的种子都具有两片子叶,都没有胚乳;单子叶植物的种子都具有一片子叶,都具有胚乳。"这种说法对不对?

2. 观察并解剖各类种子,区分单子叶植物和双子叶植物种子的不同。

3. 探究种子萌发所需养料来源:取一些饱满的大豆(或蚕豆),用水泡软后分成 3 组。将第一组种子切去两片子叶的 1/3,将第二组种子切去两片子叶的 2/3,使第三组种子的子叶保持完整。然后把它们种在土壤(或沙箱)里,注意保持土壤(或沙箱)的湿润。注意观察这 3 组种子发芽和幼苗生长的情况,并说明原因。

小朋友的问题

香蕉没有种子怎么种呢?

我们现在吃的香蕉是经过长期的人工选择和培育后改良过来的。原来的野生香蕉中有一粒粒很硬的种子,吃起来极为不便。人们通过长期培育和选择,使香蕉的种子发生了改变。其实在我们吃的香蕉里还会看到一排排褐色的小点儿,这就是退化了的种子。人们常用香蕉根上长出的幼芽来种植香蕉。将这些芽与母根分开,种到地里,就会逐渐长成香蕉植株。

第七章　千姿百态的动物世界

本章学习提示

无脊椎动物约占动物种数的95%,主要类群包括腔肠动物门、扁形动物门、线形动物门、环节动物门、软体动物门和节肢动物门等。

脊椎动物约占动物种数的5%,主要类群包括鱼纲、两栖纲、爬行纲、鸟纲和哺乳纲。

本章学习目标

通过本章的学习,将实现以下学习目标:

★ 掌握动物各类群的主要特征及常见动物。

★ 掌握各类群代表动物的形态结构及生理功能特点。

★ 了解各类群常见动物与人类的关系。

现已发现的动物有150万种。无论大小、低级或高级,动物都是由没有细胞壁的真核细胞构成的,都要摄取现成的有机物供生长发育的需要,对外界的刺激能产生快速反应。根据动物体内是否有由脊椎骨组成的脊柱,可将动物分为两大类:无脊椎动物和脊椎动物。

第一节　腔肠动物门

腔肠动物是一类低等的多细胞动物,有9 000多种。大多数种类生活在海洋中,如海葵、水母、珊瑚虫等。只有少数种类生活在淡水里,如水螅等。它们虽然形态各异,却具有共同的结构特征:身体呈辐射对称;体壁由内胚层、外胚层和中胶层构成;体内有消化腔,有口无肛门,具有弥散式的神经网。

思考与讨论

水螅的形态结构如何? 它在水中怎样捕食和消化食物? 如何繁殖后代? 神经系统有何特点?

一、水螅

水螅生活在缓流、清澈而且富有水草的小河、池塘中。它经常附着在水草上,以水蚤等小动物为食。水螅身体呈圆筒形,能伸缩,遇到刺激时可将身体缩成一团。它用身体的一端附着在水草上,另一端有口,口周围有 6～10 条细长的触手。触手有捕食作用。水螅的身体呈辐射对称。水螅的体壁由外胚层和内胚层两层细胞构成。外胚层主要有保护和感觉功能,内胚层主要有营养功能。由体壁围成的空腔叫作消化腔,消化腔与口腔相通。水螅没有肛门。

实践活动

观察水螅切片

用高倍显微镜观察水螅的纵切面切片。注意观察水螅的体壁,辨认外胚层、内胚层和中胶层。观察消化腔和口的位置。

将观察的情况画在报告单上,并且标出外胚层、内胚层、中胶层、触手、消化腔和口的位置。

思考:为什么说水螅是比较原始的、低等的多细胞动物?

水螅的纵切面如图 7-1 所示。

水螅口和触手的周围分布有很多刺细胞,当活水蚤碰到刺细胞时,刺细胞(图 7-2)会射出刺丝,把毒素注入水蚤体内,水蚤被麻醉后,水螅的触手就可以从容地将它送到口中,由口进入消化腔里消化。消化后养料被内胚层细胞吸收,并且运送到身体的各个部位,不能消化的食物残渣由口排出体外。水螅的呼吸和排泄,没有专门的器官,由各细胞吸氧,排出二氧化碳和废物。在水螅外胚层细胞的基部有神经细胞,彼此相连,形成神经网。当水螅身体的一部分受到较强刺激时,刺激会通过神经网向四周扩散,因而全身都能产生收缩反应。

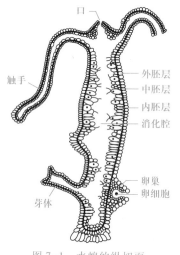

图 7-1 水螅的纵切面

图 7-2 刺细胞

二、珊瑚虫

在热带海洋中,有一种叫作珊瑚虫的腔肠动物,群集在一起,形成珊瑚(图7-3)。许多种珊瑚虫繁殖很快,它们的石灰质的骨骼在海岛的四周和海边堆积,逐渐形成珊瑚礁和珊瑚岛。珊瑚虫是许多鱼类的食物,珊瑚礁又为鱼类提供隐蔽的场所,所以珊瑚礁周围往往生活着形形色色的鱼类,形成了热带海洋中最瑰丽的自然景色。

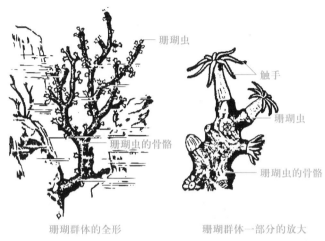

珊瑚群体的全形　　　　珊瑚群体一部分的放大

图7-3　珊瑚

小百科

美丽的陷阱——海葵

海葵表面上像是一朵软弱、漂亮的鲜花,而实际上是一种靠捕捉水中小动物为食的肉食动物。海葵的体壁和触手有许多刺细胞。刺细胞可以分泌一种毒液麻痹其他动物,以此来进行自卫和摄食。海葵鲜艳动人的触手对小鱼来说是一种可怕的、美丽陷阱。海葵所分泌的毒液虽不能严重伤害人类,但人类如果不小心触碰到它们的触手后也会产生刺痛或瘙痒的感觉。这种美丽的动物是不可食用的,误食会出现呕吐、发烧、腹痛等中毒现象。

三、水母

水母是生活在海洋中的腔肠动物。全世界有200多种,分布于各地的海洋中。水母的身体中水分含量占90%~95%。由内外两胚层组成,两胚层间有一层厚厚的、透明的中胶层。中胶层有漂浮作用,当充满气体时,水母犹如一顶漂浮于海面的伞。伞盖的周围有很多小触手,可以感知外界环境变化。伞盖下部中间是口,周围也生有触手。触手可以捕捉食物,并将食物送入口中。水母利用体内喷水的反作用力前进,就好像一顶圆伞在水中迅速漂游。如图7-4所示为分布在山东烟台一带海域的海月水母。

小百科

"水母耳"

水母有一个很有趣的本领,就是能预测风暴的来临。水母触手中间的细柄上有一个小球,里面有一粒小小的听石,这是水母的"耳朵"。由海浪和空气摩擦而产生的次声波冲击听石,刺激周围的神经感受器,因此在风暴来临之前的十几个小时水母就能够得到信息,从海面一下子全部消失了,免得被海浪抛到岸上。科学家模仿水母的感觉器官研制发明了"水母耳"——风暴报警仪。该仪器能在十级风暴来临之前的 10~15 h 发出预报。

海蜇是一种大型水母(图7-5)。它的伞部很高很厚,像个半球体。口在愈合的根状口腕的下部。海蜇体壁的中胶层很厚,含有大量的水和胶质物。海蜇加工以后,是人们喜爱的食品,不仅营养价值高,还可以入药。

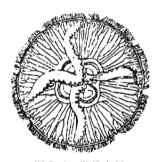

图7-4 海月水母

图7-5 海蜇

思考与练习

1. 腔肠动物有哪些主要特征?为什么说腔肠动物是比较低等、原始的多细胞动物?

2. 如果一条小溪原来可以采集到水螅,现在采集不到了,你认为最可能的原因是什么?

小朋友的问题

珊瑚是海洋里的树吗

珊瑚不是树,它是珊瑚虫群体分泌的石灰质骨骼堆积而成的。

第二节　扁形动物门

世界上已知的扁形动物有 2 万多种,分布在海水、淡水和湿土中。它们有的营自由生活,如涡虫;有的营寄生生活,如猪肉绦虫、血吸虫。它们虽然生活习性和形态各异,却具有共同的结构特征:身体左右对称;背腹扁平;出现了梯状神经系统,有 3 个胚层;有口无肛门。

思考与讨论

涡虫的形态结构和水螅相比较有什么不同? 它是怎样运动和呼吸的? 它的神经系统有何特点?

一、涡虫

涡虫(图 7-6)是一种生活在溪流浅水处常以蠕虫、小甲壳类及昆虫幼虫为食的肉食性动物。涡虫的内部结构和生理功能也比腔肠动物复杂、高等。体壁由外胚层、中胚层和内胚层 3 个胚层构成。涡虫有口、咽、肠,并由这些器官组成消化系统,但涡虫没有肛门,所以仍属于不完全消化系统。涡虫依靠体表渗透作用进行气体交换。涡虫有梯状的神经系统,能够对刺激进行定向传导,因此它对刺激的反应比腔肠动物灵敏、准确。

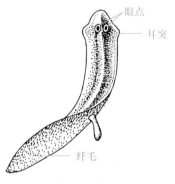

眼点

耳突

纤毛

图 7-6　涡虫

小百科

涡虫的再生

在适宜的环境条件下,涡虫的再生能力很强。若将它横切为两段,每一段都会再生成一条完整的涡虫;甚至分割成许多段时,每一小段也能再生成一条完整的涡虫。涡虫还能进行切割或移植,产生两头或两尾的涡虫(图 7-7)。涡虫的再生表现出明显的极性,再生的速率由前向后呈梯度递减,即涡虫身体前段的再生能力比后段强。当涡虫饥饿时,内部器官(如生殖系统等)逐渐被吸收消耗,唯独神经系统不受影响。一旦获得食物后,各器官又可重新恢复,变成正常的体型。

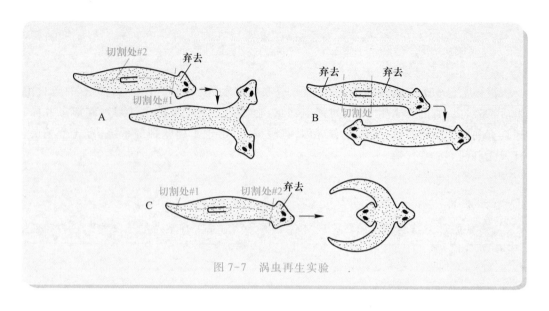

图 7-7 涡虫再生实验

二、猪肉绦虫

猪肉绦虫是扁形动物中营寄生生活的种类。它的成虫寄生在人的小肠内,幼虫主要寄生在猪的肌肉里,因此叫作猪肉绦虫。成虫的身体背腹扁平,长 2~4 m,白色带状,分为头节、颈节和节片 3 部分(图 7-8)。头节有小钩和吸盘,可以勾连在人体的小肠壁上。头节的后面是颈部,它能不断地分裂产生许多节片。节片按生殖器官的成熟情况的不同分成未成熟节片、成熟节片和妊娠节片 3 种。妊娠节片常不断脱落。在每个脱落的节片里,大约含有 5 万个受精卵,因此猪肉绦虫有强大的生殖能力。成熟的妊娠节片随人的粪便排出体外,猪吃了含有猪肉绦虫卵的食物后,虫卵就在猪的胃里孵化成幼虫,幼虫钻入胃壁或肠壁,进入血管随血液循环进入肌肉组织,因而形成"米猪肉"。由此可见猪肉绦虫的生活史中需要有两个寄主(图 7-9):猪是幼虫的寄主,叫作中间寄主;人是成虫的寄主,叫作终寄主。

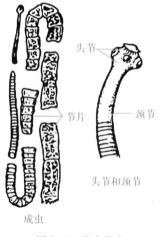

头节
节片
颈节
头节和颈节
成虫

图 7-8 猪肉绦虫

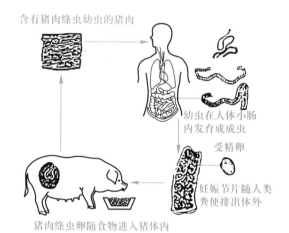

含有猪肉绦虫幼虫的猪肉
幼虫在人体小肠内发育成成虫
受精卵
妊娠节片随人类粪便排出体外
猪肉绦虫卵随食物进入猪体内

图 7-9 猪肉绦虫的生活史

人如果误食了没有煮熟的"米猪肉",猪肉绦虫幼虫就会进入人体。它在人的小肠内发育成成虫,吸食已经消化的养料,会使人出现营养不良、贫血等症状。人体内的妊娠节片若没有及时排出体外,或不慎误食了含有绦虫卵的食物,绦虫的幼虫就会寄生于人体,其危害性比成虫大得多。若侵入眼部,可引起视力模糊甚至失明;大量寄生于肌肉,可引起痉挛;到达脑部,则出现癫痫,甚至导致死亡。

预防猪肉绦虫的方法:首先要搞好饮食卫生,生肉和熟肉分开,猪肉要充分煮熟后食用,不吃"米猪肉"等。其次要严格管理好粪便,避免人的粪便污染猪的饲料。

三、血吸虫

血吸虫寄生在人和家畜的身体内,能够引起血吸虫病。它的唯一中间寄主是钉螺,人和家畜为终寄主。

血吸虫的成虫雌雄异体,长 1.5~2 cm(图 7-10),雄虫短粗,乳白色,体侧向腹面卷曲,形成"抱雌沟"把雌虫抱住。雌虫较雄虫细长,暗褐色,前端较细,后端粗圆。雌雄虫身体的前端都有口吸盘,离口吸盘不远处有腹吸盘。

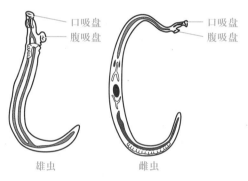

口吸盘
腹吸盘
口吸盘
腹吸盘
雄虫　　雌虫

图 7-10　血吸虫的成虫

血吸虫的生活史比较复杂,包括在终寄主体内的有性世代和在中间宿主钉螺体内的无性世代。一生经过虫卵、毛蚴、胞蚴、尾蚴、成虫等几个阶段。虫卵从人和家畜的粪便中排出。如果粪便进入河水,虫卵在适宜的条件下便在水中孵化成毛蚴。毛蚴并不感染人和家畜,而要先钻进钉螺体内寄生。一条毛蚴在钉螺体内经无性生殖可繁殖成上万条尾蚴。尾蚴离开钉螺后在浅表的水面下活动,遇到人或家畜的皮肤便侵入体内,随血液循环进入腹腔,在肠壁附近的小血管和肝门静脉发育成成虫。成虫在人体内的寿命为 10~20 年。

人感染血吸虫,主要由于接触疫水(有尾蚴的水)。此外,饮水时尾蚴也可经口腔黏膜侵入人体。预防血吸虫病必须做到以下几方面。

第一,做好查螺灭螺工作。

第二,加强粪便管理,防止人、畜粪便污染水源。对粪便进行无害化处理。

第三,尽量避免接触疫水,不要在疫水中游泳、洗澡及赤脚行走在岸边湿地上。

第四,不喝生水。

第五,疫区每年进行普查普治。

思考与练习

1. 比较水螅和涡虫的形态结构与生理特点有什么不同,这种不同说明了什么?
2. 简述猪肉绦虫的生活史。

小朋友的问题

为什么肉类最好不要生吃?

有些生肉含有大量的寄生虫和细菌,这些肉要生吃的话,寄生虫有可能转寄生在自己体内。

第三节　线形动物门

线形动物大约有 9 500 种,其中大多是寄生在人、家畜和农作物体内的寄生种类,也有少数营自由生活的种类。蛔虫和蛲虫是常见的线形动物。它们的共同特征是:身体细长;消化管的前端有口,后端有肛门,出现了假体腔;头部开始出现神经节。

思考与讨论

蛔虫有哪些形态结构及生理特点与寄生生活相适应? 蛔虫对人体有哪些危害? 怎样预防蛔虫病?

一、蛔虫

蛔虫是人体最常见的肠道寄生虫之一,寄生在人的小肠内,靠吸食小肠内半消化的食物生活。蛔虫感染率高,尤其是儿童。

实践活动

观察蛔虫的浸制标本

观察雌、雄蛔虫的体形和颜色。如何从形态上区分雌、雄蛔虫? 蛔虫的口和体壁有何特点? 这对它的寄生生活有何意义?

蛔虫的身体呈圆柱形,中段较粗,两端逐渐变细。活的虫体乳白色,有时略带红色。雌虫较大,体长 20～25 cm,尾端尖直。雄虫较小,体长 15～17 cm,尾部向腹面卷曲(图 7-11)。蛔虫身体的前端有口,口的周围有三片唇,唇的内缘有小齿,适于吸附在寄主的肠襞上。体表有角质层,质地坚硬光滑,能避免虫体被人体消化液侵蚀,具有保护作用。蛔虫身体的最外面是体壁,体壁内有消化管。消化管结构简单,由口、食管、肠和肛门组成,适于吸食半消化的食物,因此蛔虫一般寄生在人体小肠的前半段。蛔虫有发达的生殖器官(图7-12),雌、雄虫在人的小肠内交配,雌虫每天可产卵20万粒。受精卵随人的粪便排出体外,对外界环境的适应性很强。蛔虫在人体内寿命约为1年。

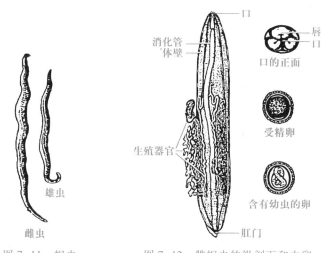

图 7-11 蛔虫　　　图 7-12 雌蛔虫的纵剖面和虫卵

人们使用含蛔虫卵的粪便做肥料,就容易使蛔虫卵广泛地分散在地面上、土壤里、蔬菜上。在氧气、温度和湿度适宜的条件下,受精卵大约经2周发育成幼虫。幼虫盘曲在卵壳里,具有感染性。由于虫卵外面有厚的卵壳保护,因此具有感染性的虫卵能够生活很久。人喝了含有感染性虫卵的生水,吃了沾有感染性虫卵的生菜,或者用沾附着感染性虫卵的手去拿食物时,都可能感染蛔虫病。

感染性蛔虫卵进入人体后,在人的小肠内发育为成虫。成虫在人的小肠里吸食半消化的食物,严重时可造成人体营养不良,并且分泌毒素,引起人体精神不安,如失眠、烦躁、夜惊、磨牙等。蛔虫在肠道内寄生,由于机械刺激,常引起脐周围阵发性疼痛,当蛔虫的数量多时,还会引起肠梗阻。另外,蛔虫还有钻孔的习性,可钻进胆管和阑尾引起胆道蛔虫病或阑尾炎。有的还会穿破肠壁,引起腹膜炎。

预防蛔虫病,首先必须注意个人卫生。生吃的瓜果、蔬菜一定要洗干净;不喝不清洁的生水;饭前便后要洗手。其次,要管理好粪便。粪便要经发酵处理,杀死虫卵后再做肥料。儿童机构可在秋季(9—10月)集体驱虫,因为6—7月最易感染蛔虫卵,9—10月已长为成虫,此时驱虫效果最佳。

二、蛲虫

蛲虫也是一种肠道寄生虫,寄生在人的盲肠、结肠或直肠等部位,最容易在儿童之间传播。蛲虫身体较小,雌虫长9~12 mm,雄虫长2~5 mm(图7-13),虫体乳白色,似棉线头,故又

图 7-13 蛲虫

名线头虫。雌、雄虫在人体的肠道内交配后,雄虫很快死亡,最终随粪便排出体外。雌虫在夜间爬到寄主的肛门附近产卵,产卵后即死亡。卵经 6 h 可发育为感染性虫卵。由于雌虫产卵使肛周奇痒,刺激患者用手搔抓肛门,易造成重复感染。另外,虫卵也可能在肛门口孵化,幼虫再爬入肛门,到肠道内寄生。蛲虫病在幼儿中的感染率较高,主要是通过手指或衣被上的虫卵感染。所以,预防蛲虫病,首先应培养幼儿的个人卫生习惯,如饭前便后洗手,勤剪指甲,不吮吸手指等。其次,幼儿应穿封裆裤睡觉,早晨换下内裤先煮沸消毒再清洗,同时勤换衣服,勤晒被褥。最后,积极治疗以杜绝相互感染。

小百科

广州管圆线虫

广州管圆线虫主要是寄生于鼠类肺动脉及右心内的线虫。中间宿主包括褐云玛瑙螺、皱疤坚螺、短梨巴蜗牛、中国圆田螺、东风螺等。一只螺中可能潜伏 1 600 多条幼虫。如果螺不经煮熟就吃,很容易招惹上广州管圆线虫,感染寄生虫病。广州管圆线虫幼虫可进入人脑等器官,使人发生急剧的头痛,甚至不能受到任何震动,走路、坐下、翻身时头痛都会加剧,伴有恶心呕吐、颈项强直、活动受限、抽搐等症状。重者可导致瘫痪、死亡。诊断治疗及时的情况下,绝大多数患者预后良好。极个别感染虫体数量多者,病情严重可致死亡或留有后遗症。

广州管圆线虫病的预防,主要是不吃生或半生的螺类或鱼类,不吃生菜、不喝生水;还应防止在加工螺类的过程中受感染。

思考与练习

1. 蛔虫有哪些结构特点适应寄生生活?
2. 蛔虫病有哪些危害?如何预防蛔虫病?
3. 你认为在幼儿园应该如何做好蛲虫病的预防工作?

小朋友的问题

我吃了驱蛔虫的药,为什么没有拉出蛔虫?

有可能肚子里没有蛔虫或虫体很小看不见,还有可能是某些驱虫药破坏了蛔虫体表的保护膜,蛔虫被人体的消化液腐蚀掉了。

第四节　环节动物门

环节动物的种类很多,已知的有 8 700 多种。它们因身体由许多相似的体节组成而得名。环节动物大多生活在海水、淡水和土壤中,少数营寄生生活。常见的环节动物有蚯蚓、水蛭、沙蚕、蚂蟥等。它们虽然生活环境各异,却具有共同的特征:身体由许多体节组成,出现了真体腔,具有链状神经系统。

> ### 思考与讨论
>
> 蚯蚓的形态结构有何特点? 它是如何运动和呼吸的? 它的神经系统和生殖系统有何特点?

一、蚯蚓

蚯蚓生活在潮湿、疏松且富含有机质的土壤中。白天在土壤中穴居,以泥土中的有机物为食;夜间爬出地面,取食地面上的落叶(图 7-14)。

图 7-14　蚯蚓取食

实践活动

观 察 蚯 蚓

实验目的

观察蚯蚓的外部形态、运动及光感情况。

实验材料

活的蚯蚓、解剖盘、浸水棉球、硬纸板、玻璃板、盛湿土的黑盒子和手电筒。

实验过程

1. 观察蚯蚓的外部形态

取一条活蚯蚓,放在解剖盘内,观察它的体形、体色、环带,区分蚯蚓的前端和后端。用手指抚摸蚯蚓身体的腹面,有什么感觉? 为什么会有这种感觉? 蚯蚓的体壁是干燥的还是湿润的? 这对它的生活有什么意义?

2. 观察蚯蚓的运动

把蚯蚓放在一张粗糙的纸上,观察它的运动,注意其身体粗细及长短变化,想想这些变化是怎样发生的? 在观察过程中,应注意使蚯蚓的体表保持湿润(随时用浸过水的棉球擦拭蚯蚓体表)。蚯蚓运动时哪一端先移动? 移动时有没有声音? 把蚯蚓放在玻璃板上,观察它移动的快慢(与它在粗糙纸上的运动做比较)。

3. 观察蚯蚓的光感情况

将蚯蚓放入黑盒子,在盒子的一侧穿一个小孔(小孔略高于土面),让光线从这个小孔透进去。过一段时间,打开黑盒子,观察蚯蚓在盒子里的位置,是靠近小孔还是远离小孔? 然后再用手电筒的强光刺激蚯蚓,观察蚯蚓会不会迅速爬回土里?

讨论:

1. 蚯蚓在纸上运动比在玻璃板上快还是慢? 为什么?

2. 在实验过程中,为什么要使蚯蚓体壁始终保持湿润?

3. 蚯蚓靠什么感知光线的强弱?

蚯蚓在什么样的物体表面爬得快?

蚯蚓的身体是由许多体节组成的。靠近前端的几节颜色较浅而且光滑,像一个粗大的指环,叫作环带(图7-15)。蚯蚓体表粗糙不平,长有许多刚毛,可在蚯蚓运动时增加摩擦力。蚯蚓的整个身体好像是由内、外两条管子套在一起似的(图7-16)。外面的管子是体壁,里面的管子是消化管。体壁和消化管之间的空腔是真正的体腔,内有体腔液。

蚯蚓没有专门的呼吸器官,是通过具有黏液的体表来呼吸的。空气中的氧气先溶解在体表的黏液里,然后渗进体壁,再进入体壁里面的毛细血管中。而体壁毛细血管中的二氧化碳也由体表排出。蚯蚓的运动是依靠体壁肌肉的伸缩和体表刚毛的配合来完成的。当蚯蚓前进时,身体后部的刚毛钉入土中,使后部不能移动,身体前端向前伸长。接着,身体前部的刚毛钉入土中,使前部不能移动,身体后端向前收缩。像这样一伸一缩,蚯蚓就向前运动了。

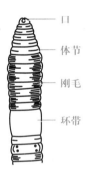

图 7-15　蚯蚓前端腹面

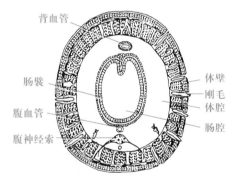

图 7-16　蚯蚓横切面

蚯蚓的消化器官有口、咽、食管、砂囊、胃、肠、盲肠和肛门等(图7-17)。由这些消化器官进一步组成消化系统。蚯蚓的循环系统由心脏和血管组成。主要的血管有背血管和腹血管,分别位于消化管的背面和腹面。在体壁、肠襞和全身各处有无数的毛细血管。血液就在心脏和血管中循环流动。蚯蚓通过肠壁所吸收的养料和从体壁渗进的氧气,都是通过血液循环带到全身各处的。全身各个细胞所产生的二氧化碳也是通过血液循环带到体表排出的。

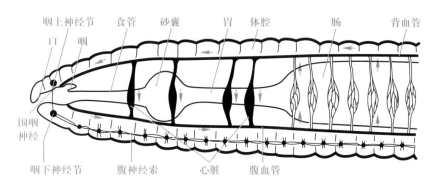

图 7-17 蚯蚓的消化器官

蚯蚓的神经系统比水螅的神经网更为集中,更加复杂。它由咽上神经节(神经节是由许多神经细胞集合而成的)、咽下神经节、围咽神经和腹神经索组成。蚯蚓对刺激的反应不仅灵敏而且准确。蚯蚓是雌、雄同体但异体受精的动物。同一条蚯蚓的精子和卵细胞不能相遇,而是由两条蚯蚓相互交换精子,然后将交换来的精子和自己的卵细胞结合,完成受精作用。

蚯蚓对人类的益处很多。

第一,蚯蚓能够改良土壤。

第二,蚯蚓能够提高土壤的肥力。

第三,蚯蚓是优良的动物蛋白饲料和食品。

第四,蚯蚓可用来处理有机废物和生活垃圾。

第五,蚯蚓在医学上用途很广,功效为解热止痉和利尿等。

第六,蚯蚓可以处理土壤中重金属(镉、铅)的污染。

因此,我国和世界上的许多国家,都在大力开展蚯蚓的利用和养殖事业。

二、水蛭

水蛭生活在沼泽、沟渠和水田中。身体狭长扁平,后端稍阔,长约3 cm,由许多体节组成。身体的前后端各有一个吸盘(图7-18),是水蛭用来吸附其他物体的器官。水蛭常吸附在人、家畜和小动物身上,吸食超过自身体重3~4倍的血液。人的皮肤被水蛭吸血后,伤口常会流血不止,这是因为水蛭的唾液中含有水蛭素。水蛭素是一种抗血凝剂,能够阻止血液凝固。医学上可以利用水蛭的这一特性来吸除人体的局部淤血。

三、沙蚕

沙蚕白天生活在海滩泥沙中(图7-19),夜间钻出泥沙寻找食物。沙蚕身体细长扁平,由许多体节组成,是鱼类、虾、蟹等动物的饵料。我国黄海和渤海沿岸有很多沙蚕。

 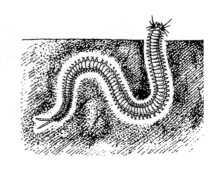

图 7-18 水蛭　　　　　图 7-19 沙蚕

思考与练习

大雨后蚯蚓为什么要从土里钻出来？

1. 试想体壁干燥的蚯蚓能够长时间存活吗？为什么？

2. 蚯蚓具有很强的再生能力。有人认为把一条蚯蚓从中间一分为二后，经过一段时间的培养，一条蚯蚓会长成两条完整的蚯蚓。你认为这种说法正确吗？切成若干段后又会怎样？

小朋友的问题

蚯蚓为什么下雨天就爬出来了？

蚯蚓是通过皮肤进行呼吸的。下雨时，雨水填满土壤的空隙，蚯蚓得不到氧气，只好爬到地面呼吸。

第五节　软体动物门

软体动物的种类很多，已知的有 13 万多种，是动物界中的第二大门。生活范围极广，海水、淡水和陆地随处可见。常见的种类有蜗牛、河蚌、田螺、牡蛎、乌贼和章鱼等。它们虽然形态结构差异很大，但基本结构是相同的。它们身体柔软，由头、足和内脏团三部分组成；有外套膜，常常分泌有贝壳（或者具有被外套膜包被的内壳）。

思考与讨论

蜗牛的贝壳是怎么形成的？它的身体分几部分？蜗牛是怎样寻找食物和运动的？

一、蜗牛

蜗牛生活在陆地上,通常栖息在温暖、阴湿环境中,昼伏夜出,以植物的茎、叶为食。在春季和夏季的雨后,蜗牛常常在墙角、树干、草和菜叶上缓慢爬行。蜗牛常取食农作物的嫩茎、叶片和幼芽,对农业生产有害。

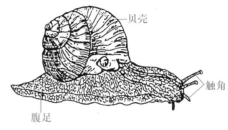

图 7-20　蜗牛

蜗牛身体的表面有一个螺旋形的贝壳(图 7-20)。贝壳有保护作用,当受到敌害侵扰时,环境温度过高或过低时,蜗牛就会将整个身体藏入贝壳内,并且分泌黏液形成一层干膜,封住壳口进行保护和休眠。当环境温度和湿度适宜时,蜗牛就会出来活动,寻找食物。蜗牛贝壳内贴着一层外套膜,贝壳就是由外套膜的分泌物形成的。外套膜包裹着柔软的身体。蜗牛身体的柔软部分可以分为头、腹足和内脏团三部分。

蜗牛头部有两对伸缩自如的触角。前面的一对比较短,能够触探土壤和食物,有触觉,犹如盲人的拐杖,如果触到障碍物,就会马上转移前进方向;后面的一对比较长,有嗅觉,顶端有眼,但视力较差,只能够辨别光线的明暗。蜗牛的口在头部两个小触角稍微往下的腹面。口里有齿舌,齿舌的前端可以从口中伸出刮食食物。

蜗牛的身体腹面宽大扁平,肌肉发达,称为腹足。腹足是蜗牛的运动器官。蜗牛爬行时将腹足紧贴在附着物上,靠腹足的波状蠕动而缓慢爬行。腹足中有足腺,能够分泌黏液,使腹足经常保持湿润,以免爬行时受到伤害。因此,在蜗牛爬过的地方,总是留下一条痕迹。

实践活动

蜗牛的饲养和观察

实验目的

了解蜗牛的形态习性。

实验材料

选择 30~50 cm^3 的饲养箱,如木箱、塑料箱等。饲养箱内放置 10~20 cm 厚的疏松、潮湿土壤和一些碎瓦片。

实验过程

1. 采集

蜗牛生活在温暖而阴湿的环境中。春季或夏季的雨后,常可以在墙角、树干、菜叶、砖石堆下和草地上采集到蜗牛。

2. 饲养

将采集到的蜗牛(8~10 只)放入准备好的饲养箱内,再放入新鲜的菜叶,如卷心菜、大白菜等。罩上纱网,放在适宜的地方。

3. 管理

饲养蜗牛在管理上应注意以下几点。

（1）注意适宜的温、湿度。蜗牛生活的最适温度为 12~25 ℃，0~5 ℃ 则进入休眠，0 ℃ 以下就会死亡。为了使饲养环境保持在一定的湿度，饲养期间，最好每天早晚各喷雾状温水一次。

（2）注意投喂方法。蜗牛属于昼伏夜出动物，投喂食物最好选择在傍晚。夏季要注意菜叶的新鲜和卫生。

（3）注意饲养箱的清洁卫生。为了保持容器内清洁卫生，应及时除去残叶和蜗牛的粪便，以免腐烂、发霉的污染环境影响蜗牛生长。

二、河蚌

河蚌生活在江河、湖泊和池沼的水底，以水中的微小生物为食。身体表面有两片贝壳（图 7-21），较钝圆的一端是前端，较尖的一端是后端。贝壳有保护作用。在两片贝壳的内面，贴着一层柔软的外套膜，包裹着河蚌柔软的身体。河蚌体表的贝壳就是外套膜的分泌物形成的，贝壳可以随着身体的生长而长大，逐渐形成壳面上的许多环纹。河蚌身体的前端有一个肉质、斧头状斧足，是河蚌的运动器官。当环境安静时，河蚌微微张开两片贝壳，伸出斧足。斧足的肌肉收缩可以使河蚌的身体缓慢移动。当河蚌受到惊扰时，斧足就立即缩回，两片贝壳就立即关闭，以保护柔软的身体。

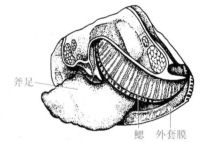

图 7-21　河蚌的结构（去除一片贝壳）

河蚌身体的前端生有一个横裂的口，口两旁有一对长满纤毛的触唇。纤毛不停地摆动使流经口旁的微小生物进入口中，再进入胃肠中消化。不能消化的食物残渣，由肛门排出体外。在斧足的两旁，各有两片瓣状的鳃，是河蚌的呼吸器官。

河蚌的斧足肌肉发达，可供人类食用。河蚌内还可以形成珍珠。河蚌的外套膜能分泌珍珠质，形成贝壳内面光滑的珍珠层。当外套膜受到沙粒等异物刺激时，会分泌大量的珍珠质把异物包裹起来，日久天长，就形成光彩夺目的珍珠。人们利用河蚌的这一生理特征，通过一定的手术处理，然后将蚌放回水中养殖，过一段时间，就能获得大量人工培育的珍珠。我国是世界上最早大量培育珍珠的国家，早在宋代就发明了人工养珠法。

三、乌贼

乌贼生活在海水中，以贝类、小鱼、虾等为食。乌贼的头部有两个发达的大眼，视觉十分灵敏。还有 10 条围绕着口的腕足（图 7-22），其中 2 条比较长，活动自如。腕足上有很多吸盘，是捕捉小动物及与敌害搏斗的武器。2 条较长的腕足平时缩在头部的一个凹陷里，用时突然伸出。

乌贼的头部以下是躯干部。外面包着外套膜，背腹略扁平，呈袋状。乌贼的贝壳已经退化,只是一块小的卵圆形石灰质板,叫作海螵蛸,被包在身体背面的外套膜内,起支撑身体的作用。乌贼身体的腹面有一个漏斗,是它的运动器官。乌贼可借漏斗喷水的反作用力运动,行动十分敏捷。由于漏斗平常总是指向前方的,所以乌贼运动一般是后退的。乌贼的身体里还有一个墨囊,能够分泌墨汁。当乌贼遇到敌害时,就把墨汁从漏斗管中喷射出来,将周围的海水染黑,借此来掩护自己逃脱。这种墨汁还含有毒素,可以用来麻痹敌害,使敌害无法再去追赶它。因此,乌贼又叫作墨鱼或墨斗鱼。

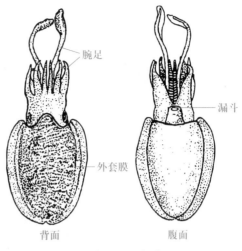

图 7-22 乌贼

小百科

海中"化妆师":变色的乌贼

乌贼被称为海中"化妆师",因为它实在太爱"打扮"了。乌贼十分善于利用体色表达感情。它体色发生突变,多半是因为感到恐惧和激动。到繁殖季节,雌乌贼用五彩缤纷的颜色表达对异性的爱慕。它们常常在自己躯干上涂上一道道斑纹,犹如穿上了漂亮的睡衣。

乌贼的"化妆术"为何如此高明呢?原来,它们的皮肤薄而软,内含许多色素细胞。这种细胞扁扁的,像小袋子,里面盛着许多颜色,有黑色、褐色、橙色、红色、棕色,其中黑色素细胞最多。"袋子"具有弹性,并受放射状肌纤维牵引。色素细胞跟大脑的神经末梢相连。大脑发生冲动信号,使肌纤维收缩,色素细胞就被拉成星芒状。冲动一旦消失,肌肉便恢复原来的形状。色素细胞的胀、缩使乌贼身上呈现各种各样的颜色。

乌贼的肉含有大量的蛋白质和矿物质,且脂肪含量较低,味道鲜美,是营养丰富的保健食品。海螵蛸可以做中药材。

四、其他常见软体动物

软体动物的种类很多。除前面讲到的几种外,还有与蜗牛相似的田螺、蛞蝓,与河蚌相似的牡蛎、蚶、蛤、珍珠贝、竹蛏等,与乌贼相似的章鱼、鱿鱼等(图 7-23)。

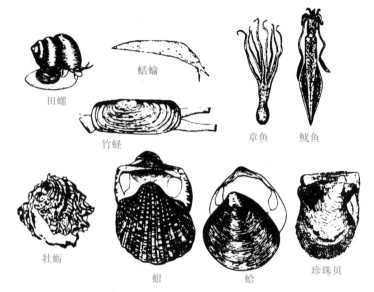

图 7-23　几种常见的软体动物

小百科

软体动物之最

　　最大的贝类:巨砗磲。直径可达 1.5 m,体重 300 kg。巨砗磲生活在印度洋和红海里。它的两瓣贝壳的闭合力可以轧断轮船的锚索。

　　身体最长的软体动物:大王乌贼。估计身体长达 5～15 m,它的眼睛直径就有 30 cm,是动物世界中绝无仅有的。

　　最小的软体动物:昂小螺。外壳的直径仅有 1 mm。

思考与练习

1. 比较蜗牛、河蚌和乌贼,它们在贝壳、外套膜、足三方面有什么不同?
2. 你认识哪些软体动物?谈谈它们与人类的关系。

小朋友的问题

在蜗牛爬过的地方,为什么总是留下一条黏液的痕迹?

　　答:蜗牛爬行时将腹足紧贴在附着物上,靠腹足的波状蠕动而缓慢爬行。腹足中有足腺,能够分泌黏液,使腹足经常保持湿润,以免爬行时受到伤害。因此,在蜗牛爬过的地方,总是留下一条痕迹。

第六节 节肢动物门

节肢动物门是动物界中最大的一门,种类繁多,分布极广。现存种类约有 120 万种,占动物界已知种类的 4/5。它们的个体数目也十分惊人。这类动物广泛分布在海洋、河流和陆地,与人类关系十分密切。

节肢动物门主要包括昆虫纲、甲壳纲、蛛形纲和多足纲。它们的共同特征:身体由许多体节组成,并且分部;体表有外骨骼;足和触角都分节。

一、昆虫纲

昆虫纲是节肢动物门中最大的纲,也是动物界中最大的纲,已知的种类有 100 多万种,几乎分布在地球表面的任何地方。

1.昆虫纲的特征

昆虫种类繁多,与人关系非常密切。人们为了利用有益昆虫,控制和防除害虫,必须更好地认识昆虫和研究昆虫。昆虫大多数营自由生活,少数营寄生生活。由于昆虫的生活环境与生活习性不同,形态发生了较大的变化。但它们都有以下特征:身体分为头、胸、腹三部分;头部有 1 对触角、1 对复眼和 1 个口器;胸部有 3 对足,一般有 2 对翅。

> ### 小百科
>
> #### 昆虫的眼睛
>
> 昆虫的头部一般长有单眼和复眼。
>
> 各种昆虫的单眼数目是不同的,蝗虫、蜜蜂、蜻蜓、家蝇等有 3 个单眼,椿象有 2 个单眼,而金龟子、菜粉蝶等却一个单眼也没有。单眼具有辨别光线强弱和方向的能力,没有成像功能。因此,单眼在昆虫的视觉上只起辅助作用。
>
> 在昆虫视觉上起主要作用的是复眼。复眼不仅能识别物体的形象,还能辨别颜色。昆虫的复眼是由许多小眼组合而成的。各种昆虫复眼上的小眼数目也不相同,最少的不过 6 个。如蚂蚁的复眼由 6 个小眼组成,复杂的可达几千个甚至几万个。又例如,家蝇的复眼有 4 000 个小眼,工蜂的复眼有 6 300 个小眼,而蜻蜓的复眼则是由 20 000 个小眼组成的。人们模仿昆虫复眼制成了"偏振光天文罗盘",解决了航海上的导航问题。人们还制成了"蝇眼"照相机,这种照相机一次就能拍摄 1 000 多张清晰度很高的照片。

昆虫的眼

（1）触角的类型

触角能灵活摆动,是昆虫的感觉器官,主要有嗅觉和触觉的作用。昆虫的种类、性别不同,触角的长短、粗细和形状也各不相同。例如,蟋蟀、螳螂的触角呈细丝状,叫作丝状触角(图 7-24)。蝴蝶的触角呈棒状,叫作棒状触角。蜜蜂的触角呈人的膝关节状,

昆虫的触角

叫作膝状触角。金龟子的触角呈鱼的鳃瓣状,叫作鳃瓣状触角。

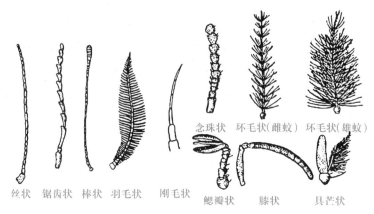

丝状　锯齿状　棒状　羽毛状　刚毛状　　　念珠状　环毛状(雌蚊)　环毛状(雄蚊)

鳃瓣状　膝状　具芒状

图 7-24　昆虫触角的主要类型

（2）口器的类型

昆虫的口器

昆虫头部下方的口器由上唇、上颚、舌、下颚和下唇组成。各种昆虫的食性和取食方式不同,形态结构有了特化,形成了不同类型的口器。例如,蝗虫、蟋蟀、蜻蜓、螳螂、金龟子的咀嚼式口器(图 7-25),适于咀嚼动植物组织和其他固体物质。蜜蜂的嚼吸式口器,适于咀嚼花粉和吮吸花蜜。蝴蝶的虹吸式口器,其细长的吸管适于伸进花朵深处吸取花蜜。苍蝇的舐吸式口器,能够舐吸食物。蝉的刺吸式口器,适于刺入植物组织中吸取汁液。

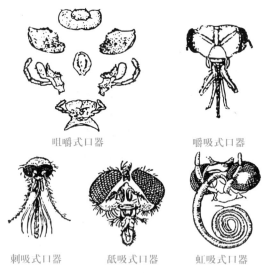

咀嚼式口器　　　　　嚼吸式口器

刺吸式口器　　　舐吸式口器　　　虹吸式口器

图 7-25　昆虫口器的主要类型

（3）翅的类型

大多数昆虫的胸部有 2 对翅。也有一些昆虫只有 1 对翅,如蚊、蝇。少数昆虫没有翅,如跳蚤、虱子等。不同种类昆虫的翅,在质地和硬度上有很大变化。例如,蝗虫的前翅革质,覆盖在后翅上面,叫作革翅或覆翅(图7-26)。蜜蜂的翅透明,呈薄膜状,叫作膜翅。金龟子的前翅硬化成角质,坚硬而厚实,叫作鞘翅。蝶蛾类的翅为膜质,表面长满鳞片,叫作鳞翅。椿象的前翅基部为革质,端部为膜质,叫作半鞘翅。

（4）足的主要类型

昆虫的胸部都有前足、中足、后足各1对。昆虫的足大多数是用来行走的,但是,不少昆虫由于生活环境和生活习性不同,足发生了相应特化。按照昆虫足功能的不同,可以分成几种不同的类型。例如,蝗虫、蟋蟀的后足适于跳跃,叫作跳跃足(图7-27)。螳螂的前足适于捕捉食物,叫作捕捉足。蜜蜂的后足适于采集花粉,叫作携粉足。金龟子的足适于行走,叫作步行足。

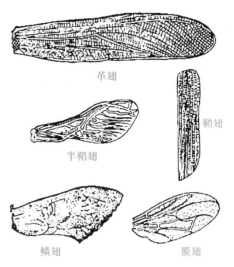

图 7-26 昆虫翅的主要类型

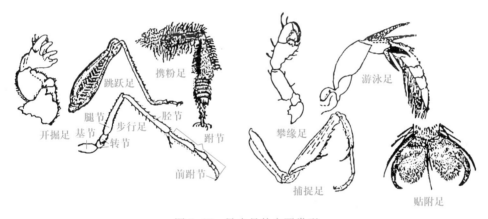

图 7-27 昆虫足的主要类型

（5）发育的类型

昆虫身体表面坚硬的部分是外骨骼,可以保护和支持身体内部柔软的器官,防止体内水分的蒸发。外骨骼不能随着昆虫身体的生长而生长,因此在昆虫的生长发育过程中有蜕皮现象。

实践活动

观察蝗虫和家蚕的生活史标本

注意观察蝗虫和家蚕的整个生活史分别有哪几个时期,幼虫期和成虫期在形态结构和生理功能方面有无明显差异。

思考:为什么蝗虫和家蚕的幼虫期都有蜕皮现象?它们的整个生活史有什么不同?

昆虫变态及
其类型

① 不完全变态 观察蝗虫的生活史标本,可以知道蝗虫的一生是从受精卵开始的,经幼虫期便可直接发育为成虫。像蝗虫这样,个体的发育过程经过卵、幼虫和成虫3个时期,这样的发育过程叫作不完全变态。在不完全变态中,如果幼虫与成虫在形态上相似,生活环境及生活方式一样,只是身体较小,生殖器官没有发育成熟,翅还停留在翅芽阶段,这一阶段称为若虫,如蝗虫。如果幼虫和成虫在形态上有区别,具有临时器官(如直肠鳃或气管鳃),生活环境不同(幼虫水生,成虫陆生)时,这种幼虫称为稚虫。

除蝗虫外,中华蚱蜢、蟋蟀、蚜虫、蜻蜓、螳螂等的发育过程都属于不完全变态发育。

昆虫的卵

② 完全变态 观察家蚕的生活史标本,可以看出家蚕的发育也是从受精卵开始的。由卵孵出的幼虫,经过4次蜕皮以后开始结茧化蛹。在茧里,蛹的身体发生着巨大的变化,经过十多天,就羽化为成虫蚕蛾。幼虫和成虫在生活习性、形态结构和生理功能等方面都发生了显著变化,而且中间一定要经过一个不食不动的蛹期。像家蚕这样,个体的发育过程需要经过卵、幼虫、蛹和成虫4个时期,这样的发育过程叫作完全变态。

除家蚕外,金龟子、蜜蜂、蚂蚁、菜粉蝶、蝇、蚊等的发育过程都属于完全变态发育。

思考与练习

1. 昆虫的主要特征有哪些?
2. 怎样证明蝗虫的呼吸门户在胸腹部?
3. 举例说明昆虫的触角、口器和足都有哪些类型。
4. 举例说明什么是完全变态发育和不完全变态发育。

小朋友的问题

昆虫有鼻子吗?

昆虫的触角有嗅觉作用,可以说是昆虫的鼻子。

昆虫有多少只眼睛?

昆虫通常有1对复眼和1~3只单眼。昆虫的复眼位于头部的侧上方,具备感光和成像的功能,是主要的视觉器官。单眼只能够感受光线强弱和方向,没有成像功能。

2. 昆虫纲的分类

昆虫学家根据各种昆虫的不同特点,如昆虫触角的类型、口器的结构、翅的有无、翅的特点、足的结构及昆虫的发育特点,将昆虫分为30多个目。下面学习常见的几个目的昆虫。

(1) 直翅目

直翅目是昆虫纲中比较大的一个目。全世界已知有1 200多种,我国有370多种。

大多数直翅目昆虫生活在植物丛中,以植物为食。因此,这个目中的不少种类是农业害虫。常见的种类除蝗虫外,还有蟋蟀、蝈蝈等(图7-28)。它们的共同特征:丝状触角;有咀嚼式口器;翅2对,前翅革质,狭长,后翅膜质,宽而薄,静止时后翅折叠在前翅下;后足强大,适于跳跃;发育史不完全变态;许多种类的雄性都有发音器。

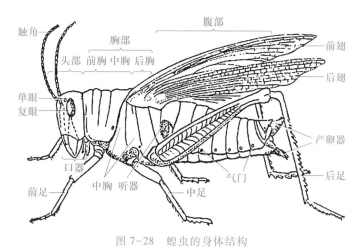

图7-28　蝗虫的身体结构

蝗虫常生活在杂草丛生、地势低洼的地区,主要以禾本科植物为食,如玉米、高粱、水稻等,因此属于农业害虫。蝗虫大面积发生时,可使整片农田颗粒无收,曾经在我国历史上造成过严重危害。

实践活动

观察蝗虫的标本

蝗虫的身体表面有什么特点? 身体分为几部分? 各部分都有哪些重要器官? 这对于蝗虫的陆地飞翔生活有什么意义?

蝗虫的身体分为头部、胸部和腹部三部分(图7-28)。头部上方有1对分节的丝状触角(图7-29)。在蝗虫触角的两旁还有一对由许多六边形小眼组成的复眼。在触角附近还有排列成倒三角形的3个单眼,一般只能辨别光的强弱和光源的方向。头部的下方有1个咀嚼式口器。

蝗虫的胸部分为前胸、中胸和后胸三部分。每个胸节的腹面都生有1对分节胸足,后足特别发达,适于跳跃。在蝗虫中胸和后胸的背侧各有1对翅。后翅呈三角形,膜质,柔软而宽大,适于飞翔,不用时折叠在前翅的下面。前翅狭长,是革翅,覆盖在后翅的上面起保护作用。

蝗虫的腹部由11个体节组成。第1节两侧有1对稍稍凹陷的半月形薄膜,这是听器,是蝗虫的听觉器官。从中胸到腹部第8节,每节的两侧各有1个小孔,共10对,叫作气门。气门与蝗虫体内的气管相通,是蝗虫的呼吸系统。在雌蝗虫的腹部末端还有1个向后突出的产卵器,雄蝗虫的腹部末端是交接器。

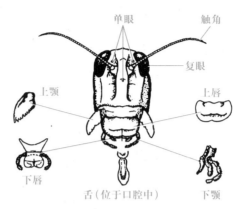

图 7-29　蝗虫的头部结构

　　蝗虫有链状神经系统,其咽上神经节特别发达,起到脑的作用。因此,蝗虫的各种活动灵敏而复杂。

　　蝗虫的发育是从受精卵开始的。由受精卵孵化的幼虫没有翅,能够跳跃,叫跳蝻。跳蝻的生活习性和成虫基本相似,只是身体较小,生殖器官没有发育成熟,因此又叫若虫。若虫一共要蜕皮 5 次,才能发育成能飞的成虫。

　　蟋蟀　蟋蟀俗称"蛐蛐"。它生活在土穴中、砖瓦碎石下面或杂草中。主要在夜间活动,夏末秋初时,可以到蟋蟀生活的环境中去捕捉。蟋蟀身体较小,呈黑褐色,背腹稍微扁平。头部有细长如丝的丝状触角,有咀嚼式口器。胸部有前翅和后翅各 1 对,后足强大,善于跳跃。雄性蟋蟀的腹部后端有两根尾须,俗名叫做"二尾儿"。雌性蟋蟀腹部的末端也有两根尾须,在两根尾须的中间还有 1 根针状的产卵器,俗名叫作"三尾儿"。雄性蟋蟀会鸣叫。清脆的鸣叫声是由一对前翅相互摩擦而产生的(图 7-30)。雄性蟋蟀的鸣叫,是招引雌性蟋蟀前来交配,同时赶走其他雄性蟋蟀的信号。蟋蟀类的听觉器官,位于前足胫节基部两侧(图 7-31),可以感知同类发出的鸣叫声。

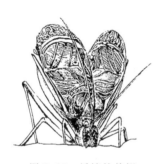

图 7-30　蟋蟀的前翅

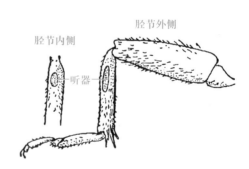

图 7-31　蟋蟀的听觉器官

　　雄性蟋蟀不但善于鸣叫,而且有好斗的习性。它平时单独生活,只有在交配时期才与雌性蟋蟀居住在一起。但是,雄性蟋蟀绝对不与雄性蟋蟀居住在一起。一旦两只雄性蟋蟀相接近,就会发生一场争斗。雌性蟋蟀与雄性蟋蟀交配以后,将针状的产卵器插入土内,产出许多受精卵。受精卵孵化成若虫,经几次蜕皮后,变成成虫。蟋蟀的发育要经过卵、若虫、成虫3个时期,属于不完全变态发育。蟋蟀的食性很杂,它发达的咀嚼式口器,能将作物的根、茎、叶和果实咬断、咀嚼,危害严重。危害的作物主要有大豆、花生、玉米、蔬菜、麦类、棉等,因此它是农业害虫。

小百科

蟋 蟀 文 化

蟋蟀成熟于立秋前后,入冬而亡,前后共100天左右。千百年来蟋蟀受到中国人的喜爱,围绕着它,文人墨客吟诗、填词、作画。达官贵人借此以"万金之资付于一啄",民间百姓闲暇之余相赌为乐。日久天长,就形成了具有独特民族风格的中国斗蟋文化。据文献记载,玩斗蟋蟀的历史始于唐朝开元天宝年间,已有近千百年历史。每年立秋前后,一年一度的蟋蟀玩赏季节倏忽而至,众多爱好者纷纷奔赴山东、安徽等地捕捉和收购蟋蟀。俗话说:"千军易得,一将难求。"比较有名的主要有山东宁阳蟋蟀和宁津蟋蟀。但是玩斗蟋蟀切勿玩物丧志。另外,蟋蟀还可入药。中医利用蟋蟀虫体的利尿功能,将干燥的虫体做成中药材,主治水肿、小便不畅等症。

蝈蝈　蝈蝈又叫作聒聒儿,是常见于花鸟市场和沿街叫卖的著名鸣虫。大多生活在田野、山麓的灌木丛或草丛间,在豆地里最常见。成虫多出现在夏秋之间。雄性蝈蝈早晚都鸣叫,鸣声短促、单调而洪亮。

成虫身体呈鲜绿色或黄绿色。头部大,丝状触角褐色,比身体长。雄性蝈蝈前翅短,只达腹部的一半或2/3处。有发达的发音器。雌性蝈蝈的前翅更短,只能覆盖腹部1~2节。无发音器,产卵器长。蝈蝈前足胫节基部有听器,后足发达,善于跳跃。

几种常见的直翅目昆虫如图7-32所示。

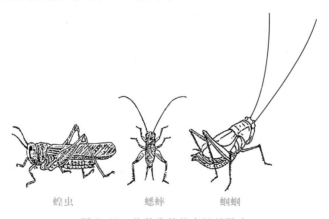

蝗虫　　　蟋蟀　　　蝈蝈

图7-32　几种常见的直翅目昆虫

(2)蜻蜓目

蜻蜓目昆虫主要有蜻蜓和豆娘。它们的共同特征是:触角短小,刚毛状;复眼发达;

咀嚼式口器;前后翅等长而狭窄,膜质透明;三对足适于攀附;腹部细长。稚虫生活在水中,属于不完全变态。

蜻蜓　蜻蜓的种类较多,我国最常见的蜻蜓体长约 50 mm。头部较大,呈圆球形,能够上下左右自由转动。触角很短,刚毛状。复眼很大,其视觉非常敏锐,在空中飞行时能够看清周围和身体下方飞行着的小虫。此外,头部还有 3 个单眼。咀嚼式口器适于咀嚼小昆虫等食物。

蜻蜓的胸部发达,前胸小而能够活动,中胸和后胸愈合。胸部下方的 3 对足,细长而不善走,适于攀附,飞行时折叠在口器下方。胸部有前、后两对翅,狭而等长,膜质透明。蜻蜓在休息时,翅仍旧展平放在身体两侧,因此大多落在枝头或叶顶。

小百科

蜻蜓翅痣的作用

蜻蜓的飞翔能力很强,每小时飞行可达到 50 km 以上,有些种类甚至每小时飞行可达 100 km。蜻蜓不仅飞得快,而且平稳,同时还能在空中短暂停留,然后改变飞行的方向。这些都与它翅的特殊结构有关,大多数蜻蜓每片翅的末端前缘上方,都有一块深色角质加厚的部分,这叫作翅痣。翅痣在动力学上有重要意义。它能够调整翅的振动,不受颤振的有害影响。现代飞机仿照蜻蜓翅痣的特点,在机翼末端前缘也有类似的加厚区或配重,用来消除颤振现象。

蜻蜓的腹部细长,圆筒形或扁形,有 12 节。雌雄性蜻蜓的生殖孔都在第 9 腹节。蜻蜓的交配在空中进行。雄蜻蜓用腹部末端钩住雌蜻蜓的头后部;雌蜻蜓的腹部由下向前弯,把生殖孔接到雄蜻蜓腹部第 2 节的下面,完成受精作用(图 7-33)。交配后的雌蜻蜓在小河或池塘里产卵。它在水面上盘旋飞翔,尾尖贴着水面,一点一点地产下受精卵,这就是人们平时所说的"蜻蜓点水"现象。

蜻蜓的一生要经过卵、稚虫、成虫 3 个时期,是不完全变态发育的昆虫。稚虫生活在水中,用鳃呼吸,叫作水虿(chài)(图 7-34),在形态上与成虫差别较大。它的下唇特化成能够伸缩的捕捉器官,能吞食蚊子的幼虫孑孓和蛹等。稚虫一般要经过 11~15 次蜕皮,需要 1~2 年,甚至 3~5 年,才出水面羽化成飞翔的蜻蜓。成虫生活的时间不太长,只能活 1~8 个月。

蜻蜓的稚虫和成虫都是以昆虫和小动物作为食物,能够捕食孑孓、蚊子、苍蝇和蛾类。根据观察,一种身长约 10 cm 的马大头蜻蜓一天可以吃掉大约 1 000 只小飞虫。可见,蜻蜓是益虫,要教育小朋友喜爱蜻蜓、保护蜻蜓。

豆娘　豆娘的外部形态特征虽然与蜻蜓非常相似,但是也存在着一些差别。豆娘的前后翅相似,四翅的基部狭窄,因此有束翅之称。休息时,四翅不是展平放在身体两侧,而是合起来举在背上。两只复眼不如蜻蜓的大,在头部相距较远。豆娘的身体比蜻蜓小,腹部细得多。

图 7-33　蜻蜓在交配

图 7-34　蜻蜓的稚虫

豆娘的生活习性与蜻蜓也有差别。豆娘的飞行比蜻蜓慢得多,并且不会在空中停留不动。它在水中产卵不是用"蜻蜓点水"的方式,而是轻盈地落在水面上,把受精卵小心地产在水中植物的叶子下面。

(3) 同翅目

同翅目昆虫的种类很多,世界上已知有 3 万多种。大多是陆栖生活,吸食植物汁液,传播植物病害,是农业害虫中较大的一个类群。常见的同翅目昆虫有蝉和蚜虫等,它们的共同特征是:有刺吸式口器;翅 2 对,质地相同,静止时前翅呈屋脊状覆盖在背侧面,有的个体无翅。发育是不完全变态。

蝉　蝉俗称"知了"。长 4~4.8 cm,前后翅膜质透明,形状相同,因此属于同翅目昆虫。静止时,前翅呈屋脊状覆盖在背侧面。头部有 1 对刚毛状触角,1 对复眼和 3 个单眼。头部下方有刺吸式口器,适于刺吸树木的汁液。雄蝉腹部第 1 腹节腹面的发音器官能够发出嘹亮的鸣声,是召唤雌蝉的信号。雌蝉没有发音器官,不能发声。雌蝉的腹部有产卵器。

雌、雄蝉交配后,雌蝉就爬上苹果、杨柳等树木的枝梢,选择幼嫩部分,用有锋利锯齿的产卵器在嫩枝条上刺出 30~40 个小孔,在每个小孔中产下 10 粒左右的受精卵。受精卵在小孔中当年并不孵化,到了第二年夏季才孵化出若虫。若虫从枝上的小孔钻出后掉落在地上,然后钻进松土中过漫长的地下生活,一般经过两三年,长的可达 17 年。若虫在土中靠吸食树根的汁液生活,是危害果树和其他树木根部的地下害虫。

蝉的一生要经过卵、若虫、成虫 3 个时期,是不完全变态发育。若虫蜕皮 7 次,最后一次蜕下的皮叫作"蝉蜕",蝉蜕可以做中药材。从蝉蜕中钻出来的蝉,生命非常短促,一般只能活 1 周左右,有的可以活 1 个月。

蚜虫　蚜虫俗称"腻虫""蜜虫"。这是因为它们能排出大量的蜜汁而得名。蚜虫分有翅、无翅两种类型,身体微小而柔软。头部有一对丝状触角和刺吸式口器。有翅的类型,有前后两对翅。膜质,形状相同,但是前翅大于后翅。

蚜虫的繁殖方式复杂,有无性和有性之分,且繁殖能力很强,一年能繁殖 10~30 个世代。世代重叠现象突出。蚜虫属于不完全变态发育。

蚜虫的孤雌生殖

昆虫通常是通过受精产卵繁殖后代,而蚜虫的卵不经过受精就能发育成新个体,即不需要雄性就可以孕育下一代,这就是蚜虫的孤雌生殖。蚜虫主要在植物的生长季节即春季和夏季连续十余代进行孤雌生殖繁殖后代,在这段时期几乎没有雄蚜。只在冬季将要来临的时候才产生雄蚜。雌、雄蚜交配,以受精卵越冬。

蚜虫的种类很多,如麦蚜、棉蚜、菜蚜、桃蚜等,常群集于植物叶背面、嫩茎和花上,用刺吸式口器吸食植株的汁液,并且注入对植物有害的物质,使细胞受到破坏,生长失去平衡,叶片卷缩畸形,甚至植株停止生长。蚜虫还能从肛门排出蜜汁,涂在茎叶表面,吸引大量的蚂蚁前来取食,同时还会传播植物病害,甚至使植株枯萎死亡。

常见的同翅目昆虫如图 7-35 所示。

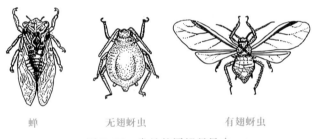

蝉　　　　无翅蚜虫　　　　有翅蚜虫

图 7-35　常见的同翅目昆虫

(4) 鞘翅目

鞘翅目昆虫俗称"甲虫",是昆虫纲中最大的一个目,也是动物界中最大的一个目,已经知道的种类有 30 万种以上。鞘翅目昆虫大多数生活在陆地上,以植物作为食物,是农作物和树木的害虫。少数种类以其他害虫为食,属于益虫。常见的鞘翅目昆虫有瓢虫、萤火虫和金龟子等。它们的共同特征:有咀嚼式口器;前翅是鞘翅,坚硬似甲,停息时在背上左右相接成一条直线,有保护作用;后翅膜质,用来飞翔,静止时折叠在前翅的下方。鞘翅目昆虫是完全变态发育。

瓢虫　瓢虫的身体呈半球形,鞘翅颜色大多鲜艳,有斑点,俗称"花大姐"。瓢虫的头部很小,复眼大,触角短而呈棒状,有咀嚼式口器。幼虫身体直长,有深的或鲜明的颜色,行动活泼,身体上有很多刺毛状的突起,或者是分支的毛状棘。根据瓢虫的食性,可以分为植食性和捕食性两大类。

七星瓢虫是常见的捕食性瓢虫。它的鞘翅呈红色或橙黄色,由于鞘翅上有 7 个黑点(图 7-36)。成虫身体呈半球形,长 5~7 mm。头部黑色,棒状触角,足黑

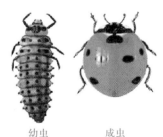

幼虫　　　成虫

图 7-36　七星瓢虫

色,密生细毛。它的成虫和幼虫是棉蚜、麦蚜、槐蚜、桃蚜、介壳虫、壁虱等害虫的天敌,是著名的农业益虫。

小百科

有趣的七星瓢虫

1. 捉一只七星瓢虫,用手指轻轻捏一下,手指上马上就会沾一滴黄水。这是它的保护液,气味很难闻,不过对人体无害。七星瓢虫遇到敌人侵袭的时候,立即分泌这种难闻的黄水,使敌人闻而生畏,仓皇逃走。

2. 七星瓢虫还有伪装本领,当它遇强敌感到危险时,立即从植物上掉落地面,把它那三对细足收缩起来,一动不动,通过装死瞒过敌人。可以根据七星瓢虫的假死习性,在野外寻找七星瓢虫。

3. 一个即将羽化的七星瓢虫蛹,如果突然被风或外力推到地上,受到惊吓的七星瓢虫一天以后,鞘翅逐渐变硬,但是七个斑点始终不会出现,变成一只"无斑点"的七星瓢虫。

瓢虫的受精卵一般成块地产在隐蔽、有蚜虫出入的叶片背面,幼虫的爬行能力很强,主要以蚜虫为食。老熟的幼虫选择叶背、卷叶、树缝、土块下等隐蔽处化蛹。成虫羽化后在植物上活动,能爬能飞,被震动受惊时有假死现象。瓢虫一年可生产多代,以成虫越冬,到第二年 4 月出蛰。

常见的植食性瓢虫有马铃薯瓢虫。因为它的 1 对鞘翅上有 28 个黑点,所以又叫二十八星瓢虫。它的成虫和幼虫主要危害马铃薯、番茄、豆类等,因此是农业害虫。

金龟子　金龟子(图 7-37)的种类很多,成虫多为卵圆形。鳃瓣状触角,各节能够自由开闭。金龟子的幼虫叫作蛴螬,生活在土中,身体呈乳白色,常弯曲成"C"字形。蛴螬是重要的地下害虫,用咀嚼式口器啃食植物的根、块茎等地下部分,老熟幼虫在地下作茧化蛹。

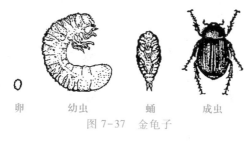

卵　　幼虫　　　蛹　　成虫

图 7-37　金龟子

金龟子的成虫危害植物的叶、花、芽和果实的地上部分,主要是大豆、花生、小麦和薯类等。因此金龟子也是农业害虫。

其他常见的鞘翅目昆虫　鞘翅目昆虫的种类非常多,除了前面讲到的几种外,常见的还有萤火虫、星天牛、米象、叩头虫、蜣螂、锹甲等(图 7-38)。

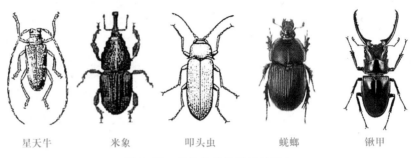

| 星天牛 | 米象 | 叩头虫 | 蜣螂 | 锹甲 |

图 7-38　几种常见的鞘翅目昆虫

　　(5) 螳螂目

　　螳螂目昆虫,世界上已知的种类有 1 600 多种,我国已知有 50 多种。螳螂目昆虫全是肉食性的,能够捕食许多种害虫,因此大都是益虫。常见的螳螂目昆虫有大刀螂、薄翅螳螂、小刀螂和巨斧螂(图 7-39)。它们的共同特征是:头部呈三角形;复眼发达;丝状触角;有咀嚼式口器;前胸很长;前足为镰刀形的捕捉足;卵产在卵鞘中;发育是不完全变态。

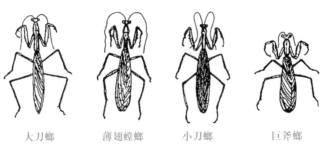

| 大刀螂 | 薄翅螳螂 | 小刀螂 | 巨斧螂 |

图 7-39　几种常见的螳螂目昆虫

　　螳螂的种类较多,最常见的是大刀螂,体长约 8 cm,也叫作中华螳螂。身体长形,多呈绿色,也有褐色或花斑状的。

　　螳螂的头部呈三角形,活动自如。1 对大的复眼突出于头部的两角。视力很强,有望远镜功能,可以准确地判断它与目标物之间的距离。此外,头部还有 3 个单眼、细长的丝状触角,以及咀嚼式口器。螳螂的前胸很长,好像长了长长的脖子。前翅革质,覆盖在后翅上面;后翅膜质,休息时折叠在背上。前足特化成捕捉足,呈镰刀状,常向腿节折叠。腿节和胫节的内侧有倒钩状的小刺,适于牢牢挟住捕捉到的小虫。螳螂的腹部肥大,一般由 10 节组成。雌螳螂产卵器不突出,尾须短。但雌螳螂的食欲、食量和捕捉能力均大于雄性。螳螂有保护色,有的还有拟态,与所处环境相似,更利于捕捉害虫。

螳螂是昆虫界的捕虫高手。当螳螂接近准备捕食的小虫或小动物时,身体会缓缓摇动,看起来很像随风摇摆的一朵花或一片树叶,同时转动灵活的头部。最后,它突然用一对前足紧紧地抓住捕到的食物。螳螂的捕捉动作十分迅速,每次捕虫只需要 10~30 ms。

秋季,雌、雄螳螂进行交配。雄螳螂个头比雌螳螂小得多。在交配过程中,雌螳螂往往先咬断雄螳螂的头部,然后将雄螳螂吃掉。这是螳螂所特有的繁殖行为。交配以后,雌螳螂将受精卵产于卵鞘内。每个卵鞘内有卵 20~40 粒,每只雌螳螂可产 4~5 个卵鞘。卵鞘是由产卵时包在卵周围的泡沫状物质干燥后硬化而成的,多黏附在树枝、树皮、墙壁等物体上。卵鞘又称桑螵蛸,可做中药材,有抗尿频和收敛作用。

思考与练习

1. 直翅目昆虫的主要特征有哪些?
2. 为什么要教育小朋友保护蜻蜓?
3. 蜻蜓和豆娘的生活习性主要有什么区别?
4. 简述蝉的发育过程。
5. 你认识哪些鞘翅目昆虫? 它们的共同特征是什么?
6. 近年来,我们很难观察到萤火虫,你认为最有可能的原因是什么?
7. 螳螂目昆虫的外部形态有哪些特征?

小朋友的问题

米虫为什么不喝水也不会干死?

答:米粒里含有糖类、脂类等营养物质,米虫蛀食米粒后,在体内经过一种特殊的生物化学过程,在体内生成为水,叫作代谢水。正是这种代谢水,使米虫只吃干燥的大米也不会干死。

叩头虫为什么会叩头?

答:叩头虫叩头的奥秘在胸部。在叩头虫前胸的腹面有一个楔形的突起,正好插入中胸腹面的一个凹槽里。突起和凹槽共同组成一个灵活的"弹跃器"。当叩头虫遇到敌害时,它会仰面朝天装死,趁敌害不注意时,便把头向后仰,让前胸和中胸弯成一个角度,使身体的背部离开地面。由于体内强有力的肌肉收缩,用背部突然一叩击地面,整个身体便弹跃起来,并能在半空中翻转 180°,然后六足平稳地落到另一个地方,从而逃避敌害。

（6）双翅目

世界上已知的双翅目昆虫种类大约有 85 000 种,我国已知 4 000 余种。可见双翅目是一个大目。除蚊、蝇、虻、蚋、白蛉等重要的医牧昆虫外,还有麦秆蝇、小麦吸浆虫等重要的农业害虫,以及寄生在许多害虫体内的寄生蝇等益虫。最常见的双翅目昆虫是蝇和蚊。它们的共同特征是:仅有 1 对前翅,膜质、透明,后翅退化为平衡棒;有刺吸式口器或舐吸式口器。完全变态发育。

① 蝇　蝇的种类很多,在我国,最常见、与人类关系最密切的是家蝇。家蝇体长6~7 mm,全身密生短毛,灰黑色。家蝇的头部略呈半球形,有一对大的复眼,具芒状触角和舐吸式口器。胸部背面有斑纹 4 条。前翅膜质,后翅退化成平衡棒(图 7-40),飞行时起着定位和调节的作用。蝇的足是贴附足,足的末端有 1 对钩爪,钩爪的内侧有 1对能够分泌黏质的肉质爪垫。因此,家蝇能够在光滑的玻璃上爬行,而不会滑落。

家蝇经常在人、畜粪便和垃圾堆上活动,并且在这些地方产下受精卵(图 7-41)。受精卵孵化成的幼虫呈白色,没有足,叫作蛆。蛆以腐败的有机物作为食物,经过两次蜕皮后,钻到松软的土里化蛹。蛹的外面包有一层硬皮,经过两三天后就变成家蝇。家蝇的一生要经过卵、幼虫(蛆)、蛹、成虫 4 个时期,因此,它是完全变态发育的昆虫。

苍蝇对人有哪些危害？

图 7-40　家蝇的平衡棒

受精卵　　幼虫　　蛹　　　　成虫

图 7-41　家蝇的发育过程

家蝇的生殖能力很强,每只雌蝇一生一般产卵 600~800 粒,有的可以达到 2 000 粒以上。从卵发育到成虫,一般需要 10~15 天。在适宜的生活条件下,只需要 8~12 天。

家蝇常停息在粪便、垃圾等污物上,因此它身体上的毛、爪垫和舐吸式口器上都会沾带许多病原体和各种寄生虫卵。当家蝇停落在我们的食物和餐具上时,不停地搓足和刷身,就会把病原体和寄生虫卵带到食物和餐具上。家蝇在吃食物的时候,还常常从口中吐出汁液使固体食物变软和溶解,以便舐食。同时,还不断排出粪便。家蝇吐出和排出的东西,都带有大量的病原体。家蝇主要传播霍乱、伤寒、痢疾等疾病,对人的健康危害很大。

常见的蝇类除家蝇外,还有厕蝇、大头金蝇、绿蝇和麻蝇。它们都以腐烂的物质为食物,是对人类有害的蝇。此外,还有一种小型的果蝇,适宜用作遗传学的实验材料。

②蚊　蚊的种类也有很多,在我国,最常见、与人类关系最密切的是按蚊、库蚊和伊蚊。蚊的个体较小,体色因种类而不同(图7-42)。

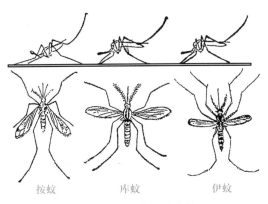

按蚊　　　库蚊　　　伊蚊

图7-42　蚊的常见种类

按蚊、库蚊和伊蚊在外部形态上、停息时的姿态和生活习性上,都有不同的特点,如下表所示。

按蚊、库蚊和伊蚊的特点比较

特点	按蚊(疟蚊)	库蚊(家蚊)	伊蚊(黑斑蚊)
活动	多见于南方	多见于北方	常见于野外
静态	身体与着落面成一定的角度	身体与着落面平行	身体与着落面平行
翅	大多有黑白斑	无斑点	无斑点
体色	大多为灰色	大多为棕黄色	多为黑色且有白斑
叮人时间	大多在夜间活动	大多在夜间活动	大多在白天活动

蚊的头部有1对大的复眼,有空心针似的刺吸式口器,细长,向前伸。雌蚊吸食人的血液,雄蚊吸食花蜜和植物的汁液。雌、雄蚊的触角都呈环毛状。雄蚊的毛更长,胸部只有1对发达的前翅,后翅退化成细棒形的平衡棒。蚊并没有专门的发音器官,由于前翅的振动,能够产生"嗡嗡"的声音。

黄昏或黎明之际,雌、雄蚊的交配在室外空中飞舞状态下完成,称为"婚飞"。雌蚊交配后必须刺吸人、畜的血液,才能使卵巢发育。蚊的生殖能力很强。雌蚊将受精卵产在水中。由受精卵孵化出的幼虫叫作孑孓。孑孓生活在水中,运动很活泼,吃水里的细菌、藻类和其他有机物长大,经过4次蜕皮后变成蛹。蛹蜕皮以后,变为成虫。

蚊是多种重要疾病的传播者,对人类健康的威胁很大。例如,按蚊能传播疟疾,库蚊能传播血丝虫病,伊蚊能传播流行性乙型脑炎。

蚊子为什么会传染疾病

小百科

蝴蝶鳞片与人造卫星的温控系统

科学家根据高山蝴蝶鳞片的温度控制原理,设计出卫星"鳞片"控温系统。每个"鳞片"两面吸收热量的能力不同,"鳞片"会根据温度变化自动开合,卫星的温度被控制在安全的范围内。

（7）鳞翅目

鳞翅目昆虫包括蛾类和蝶类,是昆虫纲中的第二大目。世界上已知的鳞翅目昆虫有 14 万种以上,我国有 7 500 多种。绝大多数种类的幼虫是植食性的,因此大多数鳞翅目昆虫是农林害虫,如稻螟虫、棉铃虫、松毛虫、菜粉蝶、玉米螟等。少数是有经济价值的益虫,如家蚕、柞蚕等。常见的鳞翅目昆虫有家蚕、菜粉蝶、凤蝶和蛱蝶等。它们的共同特征是:成虫有虹吸式口器,或者口器退化;成虫的身体和两对翅上都覆盖着细细的鳞片;幼虫通常叫作毛虫,有咀嚼式口器,大多是植食性的;发育属于完全变态。

思考与讨论

观察家蚕的生活史标本,重点比较家蚕的幼虫和成虫在形态结构和生活习性方面的差异。

思考:家蚕的发育过程属于哪种类型?分析"春蚕到死丝方尽"和"作茧自缚"这两句话是否具有科学性?

家蚕 家蚕是常见的蛾类。蚕蛾(成虫)全身被覆纯白色的鳞片和毛。头部小,有 1 对羽毛状触角。口器退化,不能吃食物。有两对鳞翅。由于长期人工饲养,飞行能力大大退化。腹部肥大,有发达的生殖器官。雌、雄蚕蛾交配后,雌蛾产下大量受精卵。经过 1 周左右,蚕蛾就自然死亡。受精卵孵化成蚕(幼虫)。蚕的身体分为头、胸、腹 3 部分(图 7-43)。头部很小,有咀嚼式口器。胸部有 3 对胸足,胸足能把住桑叶取食。腹部有 4 对腹足,能够使身体前进。腹部最后 1 节有 1 对尾足。尾足和腹足附着在桑枝或其他物体上,可以使身体进行各种活动。腹部后端有尾角,两侧有气门。

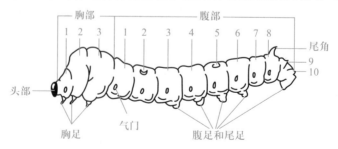

图 7-43 蚕(幼虫)的外部形态
图中阿拉伯数字表示胸部和腹部体节的序号

家蚕吃桑叶长大(图7-44)。在逐渐长大的过程中,每经过五六天就蜕皮1次。在蜕皮期间,不食不动,叫作眠。四眠之后,体内的绢丝腺已充分发育。这时的绢丝腺里充满了透明的胶质液体。当蚕老熟的时候,就停止取食,从蚕下唇间的吐丝孔吐出绢丝腺里的胶质液体。胶质液体一接触空气,很快就凝结成蚕丝。蚕用蚕丝围绕身体结成茧,然后在茧里化蛹。蛹在茧里,经过十多天,就羽化成蚕蛾。蚕蛾吐出一种碱性的汁液,使黏着蚕丝的丝胶溶解。然后,用头和足把丝拨开,蚕蛾就从圆洞里钻出来。

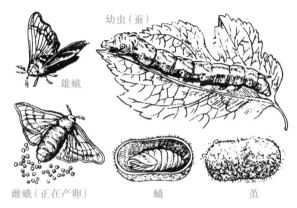

幼虫(蚕)

雄蛾

雌蛾(正在产卵)　蛹　茧

图7-44　家蚕的发育过程

家蚕的经济价值在于蚕丝。它是优良的纺织原料之一。中国是世界上最早利用蚕丝的国家。通过"丝绸之路",中国的养蚕抽丝技术传到了世界各地,促进了中外文化交流。家蚕的4~5龄幼虫被白僵菌感染死亡后的干燥体,制成"僵蚕"可入药,具有散风、祛痰的作用。另外,蚕蛹可食用。蚕粪也可综合利用,作为多种化工原料和有机肥料。

菜粉蝶　菜粉蝶是常见的蝶类,成虫是白色、中型的蝴蝶(图7-45)。头部有1对棒状触角,复眼大而呈淡绿色。依靠触角和复眼,可以找到花和花蜜。在头部下方,有1个能够卷曲和伸长的虹吸式口器,适于吸食花蜜。

菜粉蝶　凤蝶　蛱蝶

图7-45　常见的蝶类

胸部有两对翅。前翅顶角黑色,雌蝶前翅的近中央外侧有两个黑斑,雄蝶的黑斑不明显。后翅前缘也有1个黑斑,与前翅黑斑呈直线排列。休息时,翅一般直立于身体的背面。胸部有足3对,适于攀附在花、叶上。腹部呈纺锤形,背面稍带黑色,腹面白色。

菜粉蝶成虫在晴朗无风的中午活动最盛。它寻找蜜源吸食花蜜;雌、雄进行交配;在大白菜、萝卜、油菜等十字花科植物的叶的背面产卵。经过几天后,卵孵化成幼虫。

幼虫深绿色,叫做菜青虫。菜青虫是危害十字花科蔬菜的重要害虫。幼虫化为蛹,由蛹羽化为成虫。

除菜粉蝶外,常见的蝶类还有凤蝶、蛱蝶等。

小百科

蛾类和蝶类的区别

蛾类色彩较暗,大多在夜间活动;蝶类色彩美丽鲜艳,大多在白天飞舞于花丛中。蛾类的触角呈羽毛状或丝状;蝶类的触角呈棒状。蛾类静止时两对翅如屋脊状平置在背上;蝶类常常竖立在背上。蛾类的腹部肥大;蝶类的腹部细长。蛾类幼虫老熟后进入蛹期通常吐丝作茧;蝶类通常不吐丝作茧。

实践活动

家蚕的饲养和观察

实验目的

参加饲养和观察家蚕活动,认识其完全变态的发育过程;培养学生的科学素养。

实验材料

大小不同的几个纸盒、蚕种、新鲜桑叶、软纸、毛笔等。

实验过程

1. 饲养

(1) 蚕种孵化

将蚕种放入底部铺有软纸、盒盖上有小孔的小纸盒中,在 20~25℃ 的环境中孵化。每天观察蚕卵变化,当出现小黑点时,预示着两三天之内将孵出幼虫。

(2) 饲养

将刚孵化的蚁蚕放入大的饲养盒里,用切碎的嫩桑叶喂食。等蚁蚕长大一些后,改喂整片桑叶。为了防止蚕病的发生,桑叶要新鲜、干净。需及时清除残叶、粪便和蚕蜕下的皮,以免腐烂发霉污染环境。当蚕身体前部变成透明时,要把它移到有小格子的盒子里作茧。然后再将茧放入另一个铺有白纸的纸盒,为蚕蛹羽化做准备。最后,将雌蛾与雄蛾交尾后所产的蚕卵用纸包好,放在通风干燥处,备用。

2. 观察

将观察结果详细记录在笔记本上。

(8) 膜翅目

膜翅目包括蜂类和蚁类,是昆虫纲中的第三大目,世界上已知的膜翅目昆虫的种类有 12 万多种。膜翅目昆虫的生活习性复杂,有植食性、捕食性和寄生性的。大部分种类对人类有益。常见的膜翅目昆虫有蜜蜂和蚂蚁等。它们的共同特征是:有咀嚼式口器或嚼吸式口器;两对翅全都是膜质,前翅大于后翅;发育是完全变态。

蜜蜂　蜜蜂是过群体生活的昆虫,在 1 个蜂群中有 3 种蜂(图 7-46),一只蜂王,少数雄蜂,几千到几万只工蜂。这 3 种蜂分工合作,共同维持群体生活。

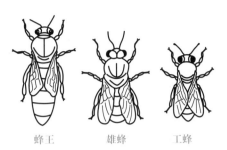

图 7-46　蜂群中的三种蜂

蜂王个体最大,翅短,腹部长,生殖器官发育完全。除了外出飞行交尾外,一般都待在蜂巢内,专管产卵。蜂王每天能产 1 000~1 500 个卵。其寿命可达 3~5 年。蜂王将少数没有受精的卵产在中蜂房里,将来发育成雄蜂;将绝大多数受精卵产在小蜂房里,幼虫主要以花粉和花蜜为食,因此,将来发育成无生育能力的工蜂;蜂王将极少数受精卵产在大而突出的大蜂房里,自始至终吃蜂王浆,因此,将来生殖器官发育完全,不过最终只有一只能成为蜂王。

雄蜂身体粗壮,腹部较短,生殖器官发达。它吃蜂房里储备的花粉和蜂蜜,唯一的职能是和蜂王交配,交配后不久便死去。

工蜂的身体最小,不能繁殖后代。它的职能主要是建造蜂房、采集食物、抚育后代、照顾蜂王和雄蜂、防御敌害等。工蜂有管状的嚼吸式口器,用来吸取花蜜,并且把花蜜暂时贮藏在蜜囊里。工蜂身体表面的细毛能够蘸取花粉,第三对足上的花粉刷将全身表面细毛沾着的花粉刷下,装在花粉筐里。工蜂腹部末端的螫针是退化的产卵器,跟体内的毒腺相通,当它受到惊扰时,就用螫针去刺敌,并且注射毒液。螫针上有锯齿,一经刺入就不容易拔出,腹内的一部分器官常被拉出来,因而引起工蜂死亡。

蜜蜂在采蜜的同时帮助植物传粉受精,能显著提高农作物、果树、牧草的产量和质量。另外,蜜蜂还能酿造大量的蜂蜜,生产蜂蜡、蜂王浆、蜂毒和蜂胶等。这些产品在食品、医药、纺织和国防等方面有很大用处。

小百科

蜜蜂交流信息的方式

蜜蜂是通过舞蹈方式交流信息的。比如在大批工蜂出巢采集花粉和花蜜之前,先有少数侦察蜂飞出去寻找蜜源。它们发现蜜源后立即飞回,通过特定的舞蹈方式告诉同伴蜜源距离蜂巢的远近和方向。如果蜜源距离蜂巢较近,侦察蜂就会围绕蜂巢跳圆形舞。如果蜜源离蜂巢较远,侦察蜂就会围绕蜂巢跳“8”字摆尾舞。跳舞时,头朝上表示蜜源对着太阳的方向;头朝下表示蜜源背着太阳的方向。这样,其他工蜂就可以飞向蜜源去采集花粉和花蜜了。

蚂蚁　蚂蚁的种类很多。大多数种类的蚂蚁挖土筑巢,也有栖息在树枝等孔穴中的。有时它们在树干或树枝上活动。食性复杂。

蚂蚁体形较小,体色呈红褐色或黑色。头部的复眼发达,膝状触角。胸部的 3 对足

蜜蜂叮了人,自己为什么就会死?

蜜蜂飞的时候为什么会有嗡嗡声?

蜜蜂的通讯方式

细长。腹部呈球形或卵形,腹部前端的 1~2 节显著收缩变细,与胸部连接形成"细腰",故有"细腰昆虫"之称。

蚂蚁也是营群体生活的昆虫。每个蚁群中有 3 种蚁,包括雌蚁(蚁后)、雄蚁和工蚁(图 7-47)。蚂蚁的群体生活与蜜蜂有许多相似之处。雌蚁的身体最大,生殖器官发育完全。它的职能是产卵、繁殖后代,而且能分泌一种外激素,促使工蚁来喂养它。雄蚁的身体比雌蚁小,生殖器官发达。它的专职是与雌蚁交尾、受精,在交尾后不久死亡。由蛹刚孵化出的雌蚁和雄蚁,有两对膜质翅。它们平时潜伏

图 7-47　蚂蚁的种类

在巢内,生殖季节才出巢飞行,在空中进行交尾。交尾完成后,雄蚁不久死亡,雌蚁的翅脱落,进入蚁巢产卵。工蚁身体最小,无翅,生殖器官发育不完全。工蚁的数量最多,是蚁群中辛勤的劳动者。它的职能是采集和运输食物、搬运蚁卵、哺育幼虫、筑造巢穴等。另外,在工蚁中还有一小部分身体较大,上颚特别发达。它们是蚁群的保卫者,称为"兵蚁",占蚁群的 3%~5%。

蚂蚁们采集和运输食物时,追踪是常用的方法。当侦察工蚁发现了一个较大的食物源的时候,它就在由食物源返回蚁巢的路途上,由腹部末端或腿节的腺体向地面释放外激素。由巢中出来的去搬运食物的其他工蚁,主要是依靠嗅觉来分辨嗅迹上的气味,循着嗅迹到达食物源,而形成了觅食的纵队(图 7-48)。当食物被搬完的时候,嗅迹因不再加强而逐渐消失。

图 7-48　蚂蚁随地面外激素嗅迹前进的队形

小百科

蚂蚁和蚜虫的"共生"关系

蚂蚁在取食方面,与蚜虫、介壳虫有着密切关系。夏天,在蚜虫聚集的植株上,往往可能看到有许多蚂蚁紧跟在蚜虫后面。这是因为蚜虫的肛门不断排出蜜汁,蚂蚁在吃蚜虫排出来的蜜汁。蚂蚁不仅不伤害蚜虫,而且常常把蚜虫拖到适合蚜虫取食的嫩叶、嫩芽上去,甚至在冬季还会把蚜虫拖回蚂蚁巢中安全越冬,到第二年春季,再把蚜虫拖到植物的幼嫩部分。蚂蚁"爱护"蚜虫的行为,好像农民爱护奶牛一样,是一种本能。

思考与练习

1. 双翅目昆虫的平衡棒有什么作用？
2. 我们为什么要大力消灭苍蝇和蚊子？你认为哪种灭蚊的方法既环保又行之有效？
3. 简述家蚕的发育过程。
4. 蜜蜂有哪些与采集花粉、花蜜和防御敌害相适应的结构特点？

小朋友的问题

苍蝇停留在物体上为什么要不断地"搓手"？

答：苍蝇没有鼻子，靠长在前足上的味觉器官来辨别食物的味道。因为苍蝇很贪吃，不管见到什么食物都要爬上去尝一尝，所以，脚上就会沾有各种食物的微粒，这样既不利于飞行，又妨碍它的味觉。苍蝇只要一停下来，就把脚搓来搓去，把脚上沾的食物微粒搓掉。

所有的蚊子都叮人吗？

答：叮人的蚊子是雌蚊，而且还是交配后的雌蚊。雌蚊交配后只有吸取足够量的人和动物的血液，才能使它的卵巢迅速发育、繁殖后代。而雄蚊则以植物的汁液为食。

实践活动

采集和制作昆虫标本

实验目的

初步学会采集和制作昆虫标本的方法。

实验材料

捕虫网、毒瓶、诱虫灯、采集袋、三角纸包、昆虫针（可用大头针代替）、展翅板、标签、标本盒。

实验过程

一、昆虫标本的采集

1. 采集善飞的昆虫要用捕虫网。在使用捕虫网时，将网口对着飞来的昆虫迎头一网。当昆虫入网时，应急速扭转网口，使网底叠到网口上方，遮住网口。然后打开毒瓶盖，把毒瓶伸进网里，对准昆虫，让昆虫落进瓶里，盖好瓶盖，拿出毒瓶。

2. 采集夜间活动的昆虫要用诱虫灯。晚上把诱虫灯放在田间或野外，就能采集到蛾类或其他喜光的昆虫，然后放进毒瓶毒杀。

3. 采集活动迟缓的昆虫，可以用镊子捉住后，放进毒瓶。注意，毒瓶里积存的昆虫不要太多，免得损坏触角、翅、足等。从毒瓶拿出的昆虫可以暂时保存在三角纸包里，纸包的外面要写明采集的地点、时间和采集者的姓名。要在两天内将纸包中的昆虫制成标本。

二、昆虫干制标本的制作

1. 针插

已毒死的昆虫,要用昆虫针或大头针插起来。针插的部位是根据各类昆虫不同的形态特点决定的。针插时既要保持虫体的完整,又要美观和整齐。鳞翅目昆虫针插的部位在中胸的正中央;膜翅目昆虫针插的部位在胸中央偏右一些;鞘翅目昆虫针插的部位在右面鞘翅的左上角;直翅目昆虫针插的部位在前翅基部上方的右侧。针插时应注意下针的方向一定要和虫体相垂直,针插入虫体以后,上端要留出针长的五分之一左右。

2. 展翅

在制作蛾类、蝶类和蜻蜓等标本时,要用展翅板把翅展开。先用针把昆虫固定在展翅板中央的木条上,把翅展开,使前翅的后缘呈水平状,与虫体垂直,后翅的前缘与前翅的后缘相接,再将左右四翅对称,然后用纸条压在两对翅上,纸条两端用针固定。最后再将虫足的弯曲度、触角的伸展方向逐项加以调整,使其与活昆虫具有完全相同的姿态。将做好的昆虫标本放在通风而阳光不直射的地方保存,1~2周虫体完全干燥后取下。

3. 保存

把制作的昆虫标本按类别插放在标本盒里。插放标本要排列整齐、匀称,标本的下方要贴上标签,标签上要写明昆虫的名称、采集地点、采集时间和采集人姓名等。标本盒里要放入樟脑,以防虫蛀。

思考与讨论

甲壳纲、蛛形纲和多足纲的常见种类有哪些? 各自具有什么样的结构特点?

二、甲壳纲

虾和蟹是我们餐桌上的美味佳肴。它们属于甲壳纲动物。甲壳纲动物目前已知的有 3 万余种,大多生活在海水中,少数种类生活在淡水中。常见的虾类有对虾、沼虾和龙虾、鳌虾等;常见的蟹类有河蟹和梭子蟹等。此外,还有一些小型的甲壳纲动物,如鼠妇、水蚤等。它们的共同特征是:身体一般分为头胸部和腹部,头胸部表面包着坚韧的头胸甲;有两对触角;大多生活在水中,一般用鳃呼吸。

实践活动

观 察 螃 蟹

1. 对照课本观察:螃蟹的身体分几部分? 每部分都有哪些器官? 身体表面是软的还是硬的?

2. 观察:螃蟹是怎样爬行的? 它会不会后退和转弯? 在它身体的左右两旁设置障碍,观察它能不能看见障碍物?

3. 观察螃蟹在陆地的呼吸情况。

最后,把螃蟹放入鱼缸中饲养或者放入小河中回归自然。

1. 对虾

对虾是黄、渤海有名的洄游甲壳动物,平时生活在浅海海底,有时急速游到中上层,甚至跳出水面。它以海水中的浮游生物作为食物。过去常不分雌雄成对出售,因而称为对虾。

对虾的体形较大,雌虾长 18~24 cm,雄虾长 13~17 cm,因此也叫"大虾"。对虾身体分为头胸部和腹部,头胸部披有一块光滑透明的头胸甲(图 7-49)。头胸甲的前方伸出一个有锯齿的剑状突起,叫作额剑。它既能分水前进,又是防御和攻击的武器。额剑两旁生有 1 对带柄的复眼,转动自如。因此,对虾的视野很宽。对虾的头胸部有 2 对触角,一对较短;另一对特别长,有触觉和嗅觉作用。头胸甲的前下方有口器。在头胸甲两侧的里面有叶片状的鳃,是它的呼吸器官。头胸部的腹面有 5 对细长、分节的步足。前 3 对步足末端呈钳状,用来捕捉食物;后 2 对步足的末端呈爪状,适于在海底爬行。

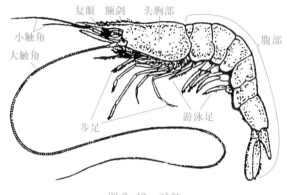

图 7-49　对虾

对虾的腹部肥厚多肉,有 7 个体节,各体节屈伸自如,外面同样披着一块光滑、透明的甲壳(背甲)。在第 1~5 腹节下方长着 5 对片状的游泳足,是对虾的游泳器官。腹部末端的尾节,有 1 对宽大的尾肢,同尾节合成尾扇,是对虾在水中上下沉浮和改变游泳方向的器官。由于头胸甲和背甲都很薄,而且透明,因此在我国南方,人们把对虾又叫作"明虾"。

小百科

变色的虾蟹

对虾的身体略透明。体色常随环境的变化而变化,且与年龄有关。幼体全身有小的褐色斑点,成体则具暗蓝色斑点。体色变化是由体壁下面的色素细胞调节的。色素细胞扩大,体色变浓,反之则浅。

2. 河蟹

河蟹也叫作螃蟹、毛蟹,是我国著名的淡水蟹。生活在淡水中,在泥岸或泥滩掘穴居住。河蟹白天潜伏在洞穴中,夜间出来捕食鱼、虾、螺、蚌及良用腐烂的动物尸体。

河蟹的身体分为头胸部和腹部(图7-50)。它的头胸部特别发达,是身体的主要部分。河蟹的头胸甲呈圆方形,比较坚硬。头胸部的两侧有5对足。第1对足特别强大,前端变成螯,密生绒毛,也叫作螯足,用来捕食和御敌。其余4对足侧扁细长,叫作步足,用以爬行。河蟹是横向爬行的。

图 7-50　河蟹

为什么螃蟹要横着爬?

小百科

螃蟹的呼吸

螃蟹头胸甲两侧的里面有鳃,是它的呼吸器官。螃蟹在水中呼吸时,水从螯足和步足的基部进入鳃中,氧气和二氧化碳在鳃内完成气体交换后,水又从口的两边吐出。当螃蟹在陆地上觅食或爬行时,它的鳃可以储存大量的水分,以保证它短时间内呼吸的需要。但是由于螃蟹的鳃和空气的接触面积加大,吸入的空气过多,鳃内的水分就会和空气一起被吐出来,形成一个个的小气泡。许许多多的小气泡在口前堆积,就成了白色泡沫。这些泡沫不断地破裂,还会发出"扑扑"的声音。

河蟹的腹部退化,呈扁平状,叫作蟹脐。蟹脐折贴在头胸部的下面。雌蟹和雄蟹的蟹脐形状不相同(图7-51)。

3. 甲壳纲动物与人类的关系

许多种虾和蟹是人类的食品,肉质细嫩,味道鲜美,而且营养价值也非常高。虾、蟹除鲜食外,还可以加工成虾米、虾干、蟹肉等干制食品。用虾或蟹制成的虾油、虾酱、蟹酱也都是上等的调味品。有些甲壳动物还是鱼类等动物的饵料。不能食用的壳,可提取甲壳质,用作防水涂料代替油漆,或在纺织印染上用作固定剂、浆料等,在木材加工中可以作胶合剂。

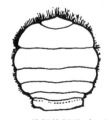

雄蟹的蟹脐　　　雌蟹的蟹脐

图 7-51　雌、雄蟹的蟹脐

小百科

吃螃蟹小常识

螃蟹含有丰富的蛋白质及微量元素,肉质鲜嫩,是深受人们喜爱的一种食品。吃螃蟹应注意以下几点。

1. 吃死螃蟹会中毒

当螃蟹垂死或已死时,体内会产生一种有毒的物质——组胺;当人体摄入一定量的组胺后,会出现脸红、头晕、心慌、胸闷和呼吸窘迫等症状。随着螃蟹死亡时间的延长,体内积累的组胺越来越多。即使螃蟹煮熟后,这种毒素也不易被破坏。因此,千万不要吃死螃蟹。

2. 吃蒸煮熟透的螃蟹

螃蟹的鳃部和肌肉等处寄生着肺吸虫,生吃、腌吃或醉吃螃蟹,都有可能会感染肺吸虫。肺吸虫进入人体后,会刺激或破坏肺组织,引起咳嗽,甚至咯血,如果侵入脑部,则会引起瘫痪。所以,吃蒸煮熟透的螃蟹才是卫生安全的。蒸煮螃蟹时要注意,在水开后至少还要再煮 20 min 才可能把螃蟹体内的致病微生物和寄生虫杀死。

三、蛛形纲

蛛形纲动物的种类很多,生活方式多样,蛛、蝎、蜱、螨均属此纲。蛛形纲动物绝大多数是陆生,少数是水生,还有寄生的种类。它们的共同特征是:身体分为头胸部和腹部;有 4 对分节的步足;只有单眼,没有复眼。

1. 园蛛

园蛛是一种常见的结网蜘蛛,它们常常在庭院树木之间和屋角房檐下结网,网捕小型昆虫为食。

实践活动

观察园蛛的标本

重点观察它的外部形态,身体分哪几部分? 有哪些主要器官?

园蛛与昆虫在外部形态上有什么不同? 它是靠什么结网的?

园蛛的身体分为头胸部和腹部两部分(图 7-52),二者之间由腹部的第 1 腹节变成的细柄相连接。园蛛没有翅和触角,腹部也不分节。园蛛的头胸部只有单眼,没有复眼,有 6 对附肢。第 1 对是螯肢,基部有毒腺,尖端有毒腺孔,与毒腺相通,毒腺分泌的毒液有麻痹昆虫的作用。第 2 对是触肢,触肢有捕食和触觉的作用。后 4 对是步足,是园蛛的运动器官。园蛛腹部的末端有 3 对纺绩器,纺绩器与体内的丝腺相通。丝腺能够分泌透明的液体,由纺绩器上的小孔流出来,遇到空气就凝结成蛛丝。结网是园蛛的一种本能。蛛丝不仅有黏性,而且坚韧,有"生物钢"之称。当昆虫不幸落入蛛网中,就会被粘在网上,成为园蛛的食物。园蛛吸食昆虫体内的液体。园蛛捕食的大多是害虫。用园蛛来防治农业害虫,可以减少农药对环境的污染。

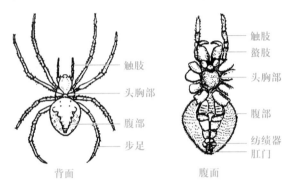

背面　　　　　　　　腹面

图 7-52　园蛛

2. 蝎

蝎也是一种常见的蛛形纲动物,一般栖息在山坡石块下,或墙隙、洞穴中,以蜘蛛、蟋蟀、蜈蚣等小动物为食。

蝎的身体也分为头胸部和腹部两部分(图 7-53)。头胸部较短,有头胸甲;腹部较长,分节,前几节较宽,后几节较窄,俗称尾部。有 6 对附肢(第 1、2 对有螯,后面 4 对是步足)。尾部末端有尾刺,内通毒腺,是蝎的攻击和防御武器。毒腺能分泌神经性毒物用以螯杀猎物。人受螯时,疼痛难忍,小孩被螯时甚至有致命危险。蝎可入药。

图 7-53　蝎

小百科

母蝎子生出小蝎子后就死了

民间流传"母蝎子生小蝎子时,背上裂开一条长缝,当小蝎子都从裂缝里爬出来后,母蝎子便死了。"其实这是没有仔细观察而形成的错误认识。母蝎子的背上确实趴着许多刚出生的小蝎子,这是因为蝎子是卵胎生的,一次能生出 15~35 只小蝎子。刚出生的小蝎子,外面包裹着一层黏液,一般要经过 5 min 左右,才会从黏液中挣脱出来,沿着母蝎子的足爬到背上。这时母蝎子一动也不动,静等着小蝎子往上爬。有趣的是,凡爬到背上的小蝎子,头一律朝外,相互贴靠在一起排成一圈,非常整齐。因此,在母蝎子的背中央便显露出一条褐色长条纹。好像母蝎子脊背上真的裂开一条长缝似的。难怪有人认为小蝎子是从母蝎子的脊背缝里爬出来的。由于看不到母蝎子的活动,便以为它死了。

3. 蛛形纲动物与人类的关系

一些蛛形纲动物对人类是有益的。例如,农田中的蜘蛛能够捕食稻飞虱、稻叶蝉等农业害虫,对农业生产有益。纤细的蛛丝,还可以制成光学测量仪器上的刻度线,或枪炮瞄准器上的十字线。蜘蛛和蝎子都可作为中药材。但是,蛛形纲的动物也有对人类有害的一方面。例如,棉红蜘蛛不仅对棉田造成危害,还危害小麦、豆类、瓜和果树等植物。一些蜱、螨寄生在人、畜身上,可使人、畜患病,如人疥螨寄生于人体皮肤,形成脓疱(疥疮),患者奇痒(图7-54)。

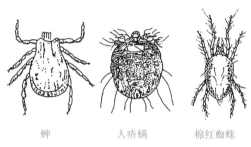

蜱　　　　　人疥螨　　　　棉红蜘蛛

图 7-54　几种常见的蛛形纲动物

小百科

黑寡妇蜘蛛

黑寡妇蜘蛛(图7-55)是一种具有强烈神经毒素的结网蜘蛛。主要分布在北美的沙漠中,其毒性是响尾蛇的 15 倍。成年雌性黑寡妇蜘蛛腹部呈亮黑色,并有一个沙漏形状的红色图案,体长约 1.2 cm。雄性黑寡妇蜘蛛大小只有雌性的一半。这种蜘蛛的雌性在交配后立即咬死雄性配偶,因此得名"黑寡妇"。黑寡妇蜘蛛经常潜藏在黑暗的角落,如柴堆、车库、地下室等不容易被人发现的地方。主要以昆虫为食,猎物一旦落网,它们就会注入神经毒素将其杀死,毒液会软化并溶解昆虫的组织,然后黑寡妇蜘蛛将吸管一样的毒牙插入猎物体内,把猎物吸干。人如果被咬,会出现严重的肌肉痉挛、抽搐甚至瘫痪等症状。

图 7-55　黑寡妇蜘蛛

四、多足纲

多足纲动物一般生活在陆地上,常见的种类有蜈蚣、马陆和蚰蜒等。它们的共同特征是:身体分为头部和躯干部;头部有一对触角;躯干部由很多体节组成;每个体节上都有 1 对或 2 对步足。

1. 蜈蚣

蜈蚣常生活在阴暗、潮湿的地方,如石块、朽木、落叶下。蜈蚣昼伏夜出,捕食蚯蚓、昆虫等小动物。

蜈蚣的身体扁长,分为头部和躯干部(图 7-56)。蜈蚣头部有 1 对触角,两组单眼。每组单眼又由 4 个单眼组成,彼此靠近,很像复眼。蜈蚣的躯干部有 22 个体节,第 1、2 节常愈合,其余体节一大一小,大小相间。每一体节有 1 对分节的步足,其中第 1 对步足特化为毒颚。末对步足向后延伸,呈尾状。

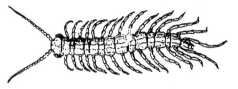

图 7-56　蜈蚣

2. 马陆和蚰蜒

马陆和蚰蜒的形态结构与蜈蚣相似,身体都分为头部和躯干部。头部有 1 对触角,躯干部由许多体节组成,每个体节都有 1 对或 2 对步足。与蜈蚣相比,马陆和蚰蜒各有一些不同的形态特点:马陆的身体呈长圆筒形,腹部各体节由 2 节愈合为 1 节,每节都有 2 对步足(图 7-57)。蚰蜒的身体较短,成对的步足特别细长(图 7-58)。

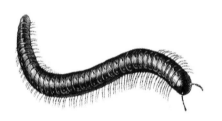

图 7-57　马陆

图 7-58　蚰蜒

思考与练习

1. 列表比较昆虫纲、甲壳纲、蛛形纲和多足纲动物的主要不同之处。
2. 结合小百科知识说明螃蟹在陆地上为什么会吐沫。
3. 对虾有哪些与水中生活相适应的形态结构特点?
4. 园蛛有哪些适于吐丝结网、捕食昆虫的形态结构特点?

小朋友的问题

虾、蟹做熟后为什么会变成橘红色?

虾、蟹一类的甲壳动物,主要的色素是由类胡萝卜素同蛋白质互相结合而构成的,在高温下或与无机酸、酒精等相遇,蛋白质沉淀而析出虾红素或虾青素。虾红素色红,熔点较高,为 238~240 ℃,所以在沸水中色素细胞被破坏后,虾红素未被破坏,因此煮熟的虾、蟹类都呈橘红色。

煮熟后的虾、蟹为什么变成橘红色?

第七节　鱼　　纲

鱼纲属于脊索动物门中的脊椎动物亚门。鱼类生活在水中,其形态结构和生理特点与水中生活相适应。

一、鱼纲的主要特征

1. 终生生活在水中

常言说"鱼儿离不开水"。除少数能短暂离开水,鱼都是在水中生活的。除少数高盐碱、高温的水域没有鱼外,鱼可以生活在地球的各个水域,包括冰层下、温泉中。

2. 身体多数呈纺锤形,常常覆盖保护性鳞片

鱼一般是梭形的身体,也有一些为适应环境具有侧扁形和棍棒形的体形。体表的鳞片和黏液便于游泳时减少水的阻力,保持体内渗透压。

3. 鱼用鳍游泳,用侧线感知水流

鱼有胸鳍和腹鳍各 1 对,为偶鳍;背鳍、尾鳍和臀鳍各 1 个,为奇鳍。鳍有推动身体前进、保持平衡和控制游泳方向的作用。鱼的身体两侧有一种感知水流的感觉器官,穿过鳞片通达外界,排列成行,叫作侧线(图 7-59)。鲫鱼的内部结构如图 7-60 所示。

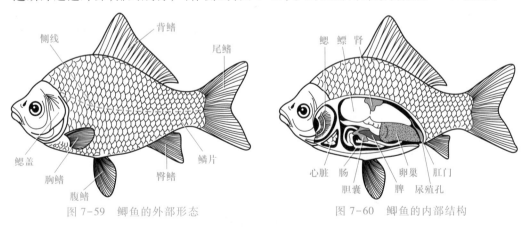

图 7-59　鲫鱼的外部形态　　　　　图 7-60　鲫鱼的内部结构

4. 鱼出现了脊椎

鱼的骨骼可分为两大部分:中轴骨骼(脊柱、头骨)和附肢骨骼(带骨和鳍骨)。脊柱的出现在动物进化中具有重要意义(图 7-61)。

5. 鱼用鳃呼吸

鱼的鳃(图 7-62)上分布着丰富的毛细血管。当水流经鳃丝时,溶解在水里的氧就渗入毛细血管里。随着血液循环,氧被输送到身体各部分。血液里的二氧化碳渗出毛细血管,排到水中。硬骨鱼和绝大多数软骨鱼都在咽的两侧各有 5 个鳃裂。软骨鱼类的鳃裂直接开口于体外,硬骨鱼类则有鳃盖保护。

图 7-61　鲫鱼的骨骼

肋骨　脊椎骨

鳃弓
鳃耙
鳃丝

图 7-62　鲫鱼的鳃

小百科

鱼　鳔

　　鱼类体腔中上部的白色囊状结构是鳔。其中部深缢,分前后两室。后室腹面的前端,伸出一条细长的鳔管,向前通向食管的背方。它是鳔内气体排放的管道。鳔内的体积可以扩大和缩小,体积的变化能影响鱼的浮力大小。鱼类在水中游动时,通过调整身体所受浮力的大小,使自身在不同的水层中悬浮。

　　人们常常认为鱼鳔没有什么营养价值。殊不知,鱼鳔既是一种理想的、滋补作用较大的高蛋白、低脂肪食品,又是一味具有重要医疗作用的良药。中医认为,某些鱼鳔味甘性平,有补肾益精、滋养筋脉、止血、散淤、消肿的功效。用鱼鳔配合中药,可治疗消化性溃疡、肺结核、风湿性心脏病、再生障碍性贫血及脉管炎等。

6. 鱼的循环系统

　　鱼的心脏有一心房一心室,循环路线为单循环(图 7-63)。鱼的体温随着外界温度的改变而变化,是变温动物。

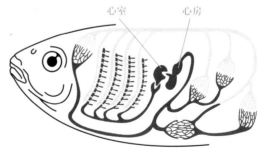

心室　　心房

心室 ──→ 鳃 ──→ 出鳃动脉 ──→ 背大动脉鱼体各器官毛细
──→ 血管网球 ──→ 各级静脉 ──→ 大静脉 ──→ 心房 ──→ 心室

图 7-63　鱼的血液循环

综上所述,鱼是终生生活在水中、用鳃呼吸、用鳍游泳、心脏有一心房一心室、体温不恒定的脊椎动物。

二、鱼类的多样性

现存脊椎动物亚门中,鱼纲种类最多,有 26 000 多种,其中中国有 3 000 多种。通常根据鱼类骨骼性质的异同,将鱼类分为硬骨鱼类和软骨鱼类两大类。

1. 硬骨鱼类

鱼一般为硬骨,体被硬鳞或骨鳞,少部分无鳞,口位于头的前端,鳃裂不直接开口于体外,具鳃盖骨,鳔常存在,体外受精。

> **思考与讨论**
>
> 探索:如何从外形上区分以下几种淡水鱼?

（1）鲫鱼

鲫鱼生活在淡水中,食水生植物和水生动物,杂食性。古时称鲫鱼为鲋,南方称喜头,北方俗称鲫瓜子。鲫鱼恋草,喜群游,繁殖率高,适应性强。

（2）青鱼

青鱼(图 7-64)身体上被有较大的圆鳞,体青黑色,鳍灰黑色。青鱼常栖息在水的底层,习性不活泼,主要吃小河蚌等底栖动物。

（3）草鱼

草鱼(图 7-65)体长,青黄色,鳍灰色,鳞片边缘黑色。头宽平,无须。栖息在水的中下层和水草多的岸边。主食水草、芦苇等。

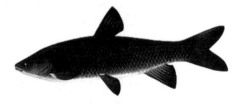

图 7-64　青鱼

图 7-65　草鱼

（4）鲢鱼

鲢鱼(图 7-66)又叫作白鲢。形态和鳙鱼相似,但体色较淡,银灰色,无斑纹。栖息在水的上层,以海绵状的鳃耙滤食浮游植物。习性活泼,善跳跃。

（5）鳙鱼

鳙鱼(图 7-67)又叫作花鲢。身体侧扁,背面暗黑色,有不规则的小黑斑。头大,眼在头的下半部。栖息在水的中上层,以细密的鳃耙滤食浮游生物。习性较和缓。

青鱼、草鱼、鲢鱼和鳙鱼是我国的四大家鱼。

（6）中华鲟

中华鲟(图 7-68)是国家一级保护动物,最大个体可达 500 kg 以上,是长江中最大的鱼,故有"长江鱼王"之称。中华鲟被世界自然保护联盟(IUCN)列为濒危物种。

　　中华鲟非常珍贵。它是一种稀有的"活化石",最早出现在 1.5 亿年前的中生代。中华鲟在分类上占有极其重要的地位,是研究鱼类演化的重要参照物。

图 7-66　鲢鱼

图 7-67　鳙鱼

　　(7)泥鳅

　　泥鳅(图 7-69)是小型鱼。体圆筒形,后部侧扁,腹部圆。头尖,呈马蹄形。须 5 对。鳞小,埋于皮下,头部无鳞。泥鳅在不能利用鳃呼吸时,将空气吞入消化道,利用肠壁毛细血管进行气体交换。

图 7-68　中华鲟

图 7-69　泥鳅

　　(8)鳝鱼

　　鳝鱼(图 7-70)全长可达 80 cm。其中具有代表性的黄鳝主要分布于东亚和东南亚地区,它们喜欢在水田和河泽里生活。黄鳝会发生性转变,刚出生时为雌性,后来会身兼两性,最后才会变成雄性。

　　(9)金鱼

　　金鱼是我国传统的观赏鱼类,起源于我国普通食用的野生鲫鱼。它先由银灰色的野生鲫鱼变为红黄色的金鲫鱼,然后再经过不同时期的家养,由红黄色金鲫鱼逐渐演变成为各个不同品种的金鱼(图 7-71~图 7-73)。

图 7-70　鳝鱼

图 7-71　绒球龙睛

图 7-72 狮头龙睛

图 7-73 水泡鱼

实践活动

金鱼的饲养

1. 投饵

鱼在容器中适应 1~2 天后再投饵。给金鱼投饵一定要严格定时、定量,以保持水质清新。投饵一般每日早晚各 1 次,一次投食以半个小时吃完的量为宜。若天气晴朗,水中溶解氧充足,水温适宜,水质清瘦,鱼体食欲较强,可适当多投一些饵料。若鱼有病或品种娇嫩珍贵,则应少投一些粗饵,改投一些精饵料。

2. 光照

因为金鱼颜色鲜艳,必须保证鱼体接受强光,否则,鱼体色彩将日趋暗淡,而且易染上疾病,所以金鱼喂养处应当光源充足。

3. 换水

将自来水存放在容器中晾晒 2~3 天,使杂质沉淀,氯气挥发,使水温和养鱼池的温度相同后方可换水。换水量的多少要根据具体情况而定。例如,春季水中溶氧量较高,鱼耗氧量低,此时换水量只要总量的 1/10 就够了。随着气温的升高,换水量可增加到 3/10 左右。夏季金鱼容易因缺氧而"浮头",此时换水量还要加大。在一般的情况下不要全部换成新水。换水切忌猛倒、猛冲,勿将水流冲到鱼的身体上以防激伤。

4. 饲养密度

依照"宜稀不宜密"的原则,减少因鱼过密造成缺氧死亡的可能性。控制密度的原则就是以金鱼不缺氧、不浮头为标准。

(10) 鳗鲡

鳗鲡(图 7-74)俗称白鳝,其大半生栖息在江河里,但要洄游到海里产卵。成年鳗鲡在海里交尾产卵,幼鱼孵化出来之后,开始洄游,并且在 2~3 年内发育成幼鳗。这时,大量的幼鳗聚集在江河入海口,身体

图 7-74 鳗鲡

的颜色也开始改变,接着它们就逆流而上,进入江河。

（11）鲤鱼

鲤鱼(图 7-75)的身体呈青黄色,尾鳍为红色。最大全长可达 1 m 多,口小且向前突出,有两对触须。鲤鱼是杂食性的,常在河底寻找水草、螺蛳等食物。其生长速度很快,有很高的经济价值。

（12）带鱼

带鱼(图 7-76)身体侧扁,呈带状,尾细长如鞭;口大,牙齿发达而锐利;背鳍长,几乎和背长相等,无腹鳍,鳞退化;全身呈银白色,体长可达 1 m 以上。带鱼属凶猛性鱼类,有时还吃同类。

图 7-75　鲤鱼

图 7-76　带鱼

2. 软骨鱼类

软骨鱼类的骨骼完全由软骨构成,体常被盾鳞;口在腹面;鳃孔一般 5 对,分别开口于体外,无鳔;雄鱼腹鳍里侧鳍脚为交配器,体内受精,卵生或卵胎生。

小百科

鲨鱼皮的秘密

生物学家发现,鲨鱼皮肤表面粗糙的 V 形皱褶可以大大减少水流的摩擦力,使身体周围的水流更高效地流过。运动员穿着完全仿造鲨鱼皮肤表面制成的鲨鱼皮泳衣可以加快游泳速度。

（1）鲸鲨

鲸鲨(图 7-77)体长可达 20 m,体重可达 20 t,是世界上现存最大鱼类。它的肝油可作机器油或制肥皂,皮可制革,肉、骨和内脏可制鱼粉。

（2）魟

魟(图 7-78)的自卫武器是尾部的一条针刺,能分泌毒汁的细小毒腺大量分布在针刺周围。如果冒犯了它,它就会迅速用针刺和毒汁令"冒犯者"流血不止、疼痛难忍。

图 7-77　鲸鲨

图 7-78　魟

小百科

有 趣 的 鱼

会发声的鱼：康吉鳗会发出"吠"音；电鲶的叫声犹如猫怒；箱鲀能发出犬叫声；鲂鮄的叫声有时像猪叫，有时像呻吟，有时像鼾声；海马会发出打鼓似的单调音。

会放电的鱼：有些鱼类身体能发电。它们放出的电压，竟比我们生活用电的电压大好几倍。具有发电能力的鱼约有 500 种，如电鳐、电鲶（能发出 350 V 的电）、电鳗、电鲼等。

会发光的鱼：有些鱼类能发光，例如我国东南沿海的带鱼和龙头鱼由身上附着的发光细菌来发光。烛光鱼的腹部和腹侧有多行发光器，犹如一排排蜡烛，故名烛光鱼。深海的光头鱼，头部、背面扁平，被一对很大的发光器所覆盖。

会爬树的鱼：攀鲈栖息于静止、水流缓慢、淤泥多的水体。攀鲈的鳃上器非常发达，能呼吸空气，故能离水较长时间而不死。攀鲈为了捕食空中的昆虫，常依靠头部发达的棘、鳃盖、胸鳍等器官攀爬上岸边树丛。

会飞的鱼：燕鳐鱼体长而扁圆，略呈梭形。一般体长 20~30 cm，体重 400~1 500 g。背鳍一个，长于鱼体后部，与臀鳍相对。胸鳍特别长且宽大，可达臀鳍末端。腹鳍大，后位，可达臀鳍末端。两鳍伸展如同蜻蜓翅膀。

思考与练习

1. 鱼类有哪些特点与其水中生活相适应？
2. 假如鱼嘴不能开合，鱼类还能获取氧气吗？说明理由。
3. 四大家鱼是什么？外形有哪些区别？

河面结了冰,鱼为什么不会冻死?

小朋友的问题

海马是不是鱼呢?

海马(图7-79)是一种鱼,虽然它看起来不太像鱼。海马除了头像马,其他部分都不像马。它背上长着一个鳍,摆动得非常快,从而推动海马在水中游动。海马身体侧扁,全身无鳞,躯干部被骨板包围,有脊柱、有鳍,用鳃呼吸,终生生活在水中,所以海马属于鱼类。海马妈妈把卵产在海马爸爸的育儿袋内,卵在海马爸爸的育儿袋中受精并孵化出小海马来。海马还可用作中药。

图 7-79 海马

第八节 两 栖 纲

在脊椎动物中,两栖动物是由水中生活向陆地生活进化的过渡类群。

思 考 与 讨 论

可以水陆两栖生活的动物都属于两栖动物吗?

一、两栖纲的主要特征

1. 用肺呼吸,皮肤辅助呼吸

两栖动物虽然像人一样用肺呼吸,但肺的构造简单,气体交换量少,依靠它得到的氧气不足。两栖动物的皮肤能够分泌黏液,经常保持湿润状态,使外界空气中的氧与皮肤微血管血液中的二氧化碳进行交换,以补充肺呼吸量的不足。

2. 两栖动物的循环系统

两栖动物的心脏是两心房、一心室。心室中既有动脉血又有静脉血,血液循环是不完全的双循环。血液输送氧气能力较低,身体产热能力较差,皮肤裸露,身体表面没有保温结构,因此是变温动物。

青蛙的血液循环如图 7-80 所示。

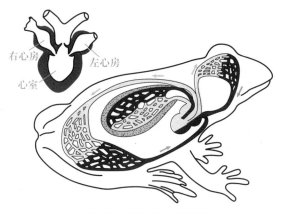

右心房　　左心房

心室

图 7-80　青蛙的血液循环

3. 两栖动物的消化系统

两栖动物的消化系统包括消化管和消化腺两部分。消化管包括口腔、咽、食管、胃、肠、泄殖腔等。陆生动物存在干燥食物难以吞咽的困难,而两栖动物则因具备肌肉质舌和能分泌黏液的唾液腺,能使食物湿润,便于吞咽。

青蛙的内部结构如图 7-81 所示。

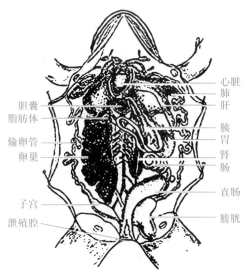

胆囊
脂肪体

输卵管
卵巢

子宫
泄殖腔

心脏
肺
肝

胰
胃
肾
肠

直肠

膀胱

图 7-81　青蛙的内部结构

4. 两栖动物的排泄系统

青蛙具一对肾,位于体腔后部脊柱两侧。其外缘靠近后端处各连有一条输尿管,通入泄殖腔。

5. 两栖动物的生殖和发育

两栖动物在体外完成受精过程。幼体在水中生长发育,并在发育过程中经过变态。

因此,成体的身体结构功能与幼体大不相同。

实践活动

蝌蚪的饲养

1. 蝌蚪吃浮游生物,饲养蝌蚪最好用池塘水。

2. 蝌蚪的饲料应以植物性食物为主。煮过的菠菜和莴苣是适宜的饲料,但不要煮得过熟,并且要去掉纤维。

3. 初期给饲料要少,以后逐渐增加。每天定期投饲料一次,不宜过多,以免饲料残留水中引起腐烂。每次给食后残留的饲料,必须用吸管清除,并且每隔一两天换一次水(换水的时候,只需要倒去 2/3 的水)。最简便的饵料是面包、饼干碎屑或碎饭粒,也可以给少量煮熟的蛋黄。

综上所述,两栖动物皮肤裸露,富含腺体,能分泌黏液;幼体生活在水中,用鳃呼吸;变态后的成体生活在陆地上或水中,主要用肺呼吸,兼用皮肤呼吸;心脏具有两心房一心室,为不完全的血液双循环脊椎动物。

二、两栖动物的多样性

地球上现存的两栖动物有 2 500 多种。

1. 青蛙

青蛙生活在稻田、沟渠和池塘的水边,主要以昆虫为食。在捕食的昆虫中,多数为农业害虫。到了冬季气温降低的时候,青蛙的体温也随之降低。这时青蛙就潜伏在淤泥里,不食不动,呈睡眠状态,这种现象叫作冬眠。冬眠是青蛙对冬季不良外界环境的一种适应。

青蛙受精卵(图 7-82)在水中孵化成蝌蚪。蝌蚪用鳃呼吸,身体两侧有侧线,心脏是一心房一心室,从外部形态到内部构造都很像鱼。经过生长发育,先开始长出后肢,然后又长出前肢;尾部逐渐缩短;内鳃消失,肺形成;心脏由一心房一心室变为两心房一心室;外部形态和内部构造不再像鱼,形成的幼体离水登陆,逐渐发育为成体(图 7-83)。

图 7-82　青蛙交尾排出的生殖细胞

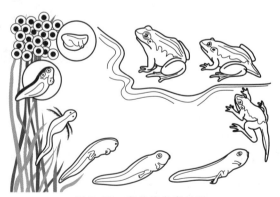

图 7-83　青蛙的发育过程

小百科

青蛙——农田卫士

青蛙专门捕食农林害虫,是农田的忠诚卫士,应当受到人们的保护。青蛙捕食害虫不但种类多、数量大,而且夜以继日,从不间断,并且不损坏农林作物。据统计,每只青蛙每天能捕食各种害虫 60~70 只,所以,从春季出蛰到冬眠前的七八个月里,一只青蛙可以消灭 1 万多只害虫。可见,青蛙对保护农业生产有重大作用。

青蛙惊人的捕虫能力,与它的后肢、口腔、舌和眼睛等器官的特点有着密切关系。后肢肌肉发达,跳得又高又远;口腔宽阔,上颌有小齿,可以防止捕捉到的昆虫逃走;舌着生方式很特别,舌根着生在口腔底部前端,舌尖伸向口腔里面,并且舌又长又宽,前端分叉,表面满布黏液,对粘住害虫十分有利;它的眼球又大又突,视野开阔,对活动的物体非常敏感。青蛙专门捕食活动害虫。当青蛙发现害虫时,就跃向害虫,并迅速翻出舌头把害虫粘住,卷入口中(图 7-84)。

图 7-84　青蛙捕食

2. 大鲵

大鲵(图 7-85)是现存两栖动物中体形最大的种类,体长可达 1.8~2 m,重达 20~25 kg。在繁殖季节,常发出鸣叫,其声如婴儿啼哭,故有"娃娃鱼"之称。大鲵的头大,表面有明显疣粒,嘴也大,眼睛和鼻孔却很小;尾侧扁;皮肤润湿而光滑,一般为棕褐色;全身无鳞片;四条腿又短又胖。6—8 月为繁殖季节,卵产于溪流中的石头上,体外受精,21 天左右自然孵成。幼体生长缓慢。大鲵属于国家二级保护动物。

图 7-85　大鲵

3. 蟾蜍

蟾蜍俗称癞蛤蟆,体短而粗壮。耳后腺能分泌毒液,加工成著名的中药蟾酥,可以治疗心力衰竭、口腔炎、咽喉炎、咽喉肿痛、皮肤癌等,是一种极有药用价值的经济动物。

小百科

活化石——总鳍鱼

两栖动物起源于古代总鳍鱼。总鳍鱼偶鳍的骨骼跟古代两栖动物四肢骨骼很相似。适于水底爬行,它的鳔状的肺适于陆地呼吸。当总鳍鱼生活的环境条件发生改变后,由于它的偶鳍具爬行能力,鳔又适于陆地生活,因此能从缺氧或干涸的水池爬到其他有水的地方生活。这样,古代总鳍鱼的偶鳍变成四肢,鳔变成了肺,最终逐渐进化成了两栖动物。

思考与练习

鳄鱼、乌龟是两栖动物吗?什么叫作两栖动物?

小朋友的问题

乌龟是不是两栖动物呢?

乌龟不是两栖动物。两栖动物最显著的特征如下。

(1)幼体在水中生活,用鳃呼吸。

(2)成体在陆上生活,用肺呼吸。

最典型的两栖动物是青蛙和蟾蜍,幼体蝌蚪在水中用鳃呼吸,成体则在陆上用肺呼吸。

乌龟自生下来就是用肺呼吸,而且幼体就可以水陆两栖,所以它不是两栖动物。

青蛙是不是用嘴两边的泡泡鸣叫的?

青蛙是第一个真正用声带来鸣叫的动物。它的喉门里有两片声带。当气体从肺里冲出时,声带振动发出声音。雄蛙口角两旁生有一对鸣囊,对声带发出的声音有共鸣作用,使声音更加洪亮。这是雄蛙和雌蛙的不同特征之一。

第九节 爬 行 纲

爬行动物是一类真正适应在陆地上生活的脊椎动物。

思考与讨论

爬行动物有哪些特点适于陆地生活?

为什么壁虎可以飞檐走壁?

一、爬行纲的主要特征

1. 体表被有鳞片

爬行动物的身体(除蛇以外)可明显地区分为头、颈、躯干和尾部。头能灵活转动,以便在陆地上更好地寻找食物和发现敌害。前后肢均为五指(趾),末端具爪,善于攀爬、疾驰和挖掘活动。

爬行动物的皮肤干燥、粗糙,皮肤表面覆盖角质细鳞。这样的皮肤能减少水分蒸发,利于在陆地上生活。

2. 用肺呼吸

爬行动物肺泡数目很多,因此能比较好地完成气体交换,满足整个身体对氧气的需要。适于生活在比较干燥的环境。

3. 爬行动物的循环系统

爬行动物的心脏有两心房一心室。心室里出现了不完全的隔膜,几乎把心室隔成两个腔。心脏里的动脉血和静脉血基本分开,但不完善,所以爬行动物仍是变温动物,有冬眠的习性。

4. 爬行动物的生殖发育

爬行动物为体内受精。受精完全摆脱了水的限制,受精卵较大,卵内含的养料多,外面有坚韧的卵壳保护。这些说明了爬行动物是真正的陆生脊椎动物。

综上所述,爬行动物是体表覆盖着角质的鳞片或甲、用肺呼吸、体内受精、卵表面有坚韧的卵壳、体温不恒定的脊椎动物。

二、爬行动物的多样性

地球上现存的爬行动物有 6 000 多种,我国有 380 多种。

1. 蜥蜴

蜥蜴(图7-86)生活在田野和山坡的草地上,白天捕食昆虫、蜘蛛等小动物。

2. 壁虎

壁虎(图7-87)常隐蔽在暗处,晚上出来活动,捕食蚊、蝇、蛾之类的小昆虫。

图 7-86　蜥蜴

图 7-87　壁虎

小百科

壁虎与蜥蜴的不同

蜥蜴有鳞,壁虎没有;蜥蜴有眼皮,壁虎没有;蜥蜴有指甲,壁虎没有;蜥蜴不能垂直地爬光滑的表面,壁虎可以。

壁虎能在天花板上爬

壁虎的每只脚底部长着数百万根极细的刚毛,而每根刚毛末端又有400~1 000根更细的分支。这种精细结构使刚毛与物体表面分子间的距离非常近,从而产生分子引力。虽然每根刚毛产生的力量微不足道,但累积起来就很可观。根据计算,一根刚毛能够提起一只蚂蚁的质量,而100万根刚毛虽然占地不到一枚小硬币的面积,但可以提起20 kg的重物。如果壁虎同时使用全部刚毛,就能够支持125 kg的重物。

3. 扬子鳄

扬子鳄(图 7-88)为我国特有动物。主要分布在安徽、浙江、江西等地的局部地区,生活在水边的芦苇或竹林地带,以鱼、蛙、田螺和河蚌等作为食物。扬子鳄长约2 m,背部暗褐色,腹部灰色,皮肤上覆盖着大的角质鳞片。扬子鳄每年 10 月钻进洞穴中冬眠,到第二年四五月才出来活动。卵生,6 月交配,一般七八月产卵,幼鳄 9月出壳。

图 7-88 扬子鳄

扬子鳄是古老的爬行动物,现在生存数量非常稀少、世界上濒临灭绝。扬子鳄对于人们研究古代爬行动物的兴衰和研究古地质学与生物的进化都有重要意义。

小百科

龟与鳖的区别

1. 乌龟的头比较圆;鳖的头比较尖。

2. 乌龟是硬壳的;鳖的壳比较软,壳面较光滑,周围有裙边。

3. 乌龟背上分块有花纹;鳖背黑,无花纹。

4. 乌龟不会咬人,用树枝之类的东西碰乌龟,它会把头缩进去;而鳖会咬人,用树枝之类东西碰鳖,它会把树枝死死地咬住不放。乌龟大多性情温和,鳖大都性情凶猛。

实 践 活 动

乌龟的饲养

1. 喂食

乌龟是杂食动物。自然界的野生龟类，多半以肉食为主。饲养时投喂小鱼、小虾、红虫、蟑螂等。喂食料要投在水中，一般每隔1~2天投食1次。乌龟耐饿。

2. 环境

水养，水深漫过龟壳就可以了。如果水太深就放一块石头，让它可以上去休息呼吸。定时换水，两天一次。如果水太脏应该立即更换。每月对饲养器皿进行消毒，消毒后一定要用清水冲净乌龟进食时掉下的食物碎屑。

3. 保养

常常让乌龟晒太阳，这很重要。

4. 注意清洁

投喂的饲料应该保持新鲜。喂食过后，要及时清除剩残食物，以防饲料腐烂发臭，影响乌龟的食欲和污染水质。

5. 冬眠

可把乌龟放在湿布上，保持布的湿润。冬眠时期勿弄醒它，勿晒太阳，否则它会疲惫而死。不想让乌龟冬眠可用加热棒，温度在25 ℃左右。天气太冷时也可以用这个方法给乌龟取暖。

4. 蛇

蛇的身体细长，没有四肢，体表有鳞片；没有外耳孔，故而听力不好；左、右下颌骨在前端以弹性韧带相连接，可以吞下比头大的食物；舌的伸缩性强，可以舔尝气味。部分有毒，但大多数无毒。

小百科

毒蛇与无毒蛇的区别

1. 毒蛇一般头大颈细，头呈三角形，尾短而突然变细，体表花纹比较鲜艳。
2. 无毒蛇一般头呈钝圆形，颈不细，尾部细长，体表花纹多不明显。
3. 毒蛇与无毒蛇最根本的区别是：毒蛇具有毒牙，牙痕为单排，无毒蛇的牙痕为双排。

（1）眼镜蛇

眼镜蛇（图7-89）生活在平原、丘陵、山地的各种环境中。独居，昼夜均有活动。性凶猛，被激怒时，昂起身体前部，并膨大颈部，此时背部的眼镜圈纹愈加明显，发出"呼呼"声，借以恐吓敌人。具有冬眠行为。以鱼、蛙、鼠、鸟及鸟卵等为食。繁殖期在6—8

月,每次产卵 10~18 枚,自然孵化,亲蛇在附近守护,孵化期约 50 天。

（2）蟒蛇

蟒蛇无毒,是世界上最大的蛇。长可达 6 m,甚至十多米。体色黑,有云状斑纹,背面有一条黄褐斑。蟒蛇生活在森林中,以鸟类、鼠类为主食,有时也能吞食体重 10~20 kg 的哺乳动物。

图 7-89　眼镜蛇

思考与练习

1. 爬行动物有哪些特点适宜陆地生活?

2. 为什么扬子鳄是"活化石"?

小朋友的问题

小壁虎的尾巴有什么作用?

答:当壁虎遇到危险的时候它就自断其尾巴。由于它的尾巴上的神经还没有死亡,所以尾巴在原地会不停地动来动去,让天敌以为是壁虎,从而转移了天敌的注意力,达到逃生的目的。而断掉的尾巴过不了几天便会再长出来,为以后遇险时做准备。

第十节　鸟　　纲

鸟是人类的朋友,是自然界中天然的艺术品:五彩缤纷的羽饰、婉转多变的鸣声、秀丽而矫健的身姿,为大自然增添了情趣和生机。

鸟的种类繁多,分布范围广,与人类关系密切。它们的身体从外形到内部结构和生理特征,都有许多适应飞翔的特点。

一、鸟纲的主要特征

思考与讨论

鸟儿的飞行,自古以来令人向往。那么,鸟类是如何适应飞行的?

1. 体呈纺锤形,体外被覆羽毛

鸟类身体呈纺锤形,体外被覆羽毛,具有流线型的外廓,从而减少了飞行中的阻力。头端有角质喙,是啄食器官。颈部能自由转动,可加大视野。前肢特化成翼,后肢四趾,这是鸟类外形上与其他脊椎动物不同的显著标志。

鸟类的皮肤薄、松而干燥,除尾部有尾脂腺外,无其他腺体。皮肤外被有羽毛,分正羽、绒羽和纤羽三种。正羽是大型羽,由羽轴和羽片组成,羽片又由许多羽枝和羽小枝组成。绒羽在正羽下,呈棉花状。纤羽如毛发,夹杂在正羽和绒羽之间(图7-90)。

2. 鸟的骨骼和肌肉系统

鸟的骨骼轻而坚固,骨腔大多没有骨髓,充有空气,很多骨有愈合现象,如头骨、愈合荐椎(由腰椎、荐椎和一部分胸椎、尾椎愈合而成)。这样,既可减轻身体质量,又能加强坚固性。胸骨上有发达的龙骨突起,可附着强大的胸肌,用来牵动两翼飞翔。

3. 鸟的呼吸系统

鸟的呼吸系统表现在具有发达的气囊(图7-91),与肺、气管相通连。气囊广布于内脏、骨腔及某些肌肉之间。气囊的存在,使鸟类产生独特的呼吸方式——双重呼吸,这种呼吸系统的特殊结构,是与飞翔生活所需的高氧消耗相适应的。气囊是保证鸟类在飞翔时供应足够氧气的装置。

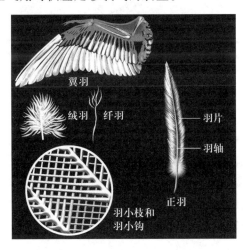

图7-90 家鸽的羽毛

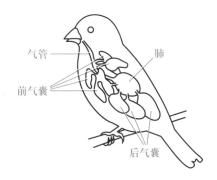

图7-91 家鸽的气囊

鸟在飞翔时翅膀上举,空气引入肺部,一部分气体在肺部交换,大部分气体进入气囊贮藏。当翅膀下降时气囊收缩,将气体压回肺部,再一次进行气体交换,然后将废气排出体外。这种在吸气和呼气时肺部都进行气体交换的现象,叫作双重呼吸。双重呼吸能保证鸟类在急速飞行时供给充足的氧气。气囊除有辅助呼吸的作用外,还有减轻身体的密度、增加浮力、减少内脏器官间的摩擦和散热的作用。

4. 鸟的消化系统

鸟的消化系统具有消化食物、吸收营养和排除废物的功能。它由口腔、食道、嗉囊、胃(腺胃和肌胃)、小肠、大肠、泄殖腔、肝和胰等消化器官组成(图7-92)。嗉囊用于贮藏和软化食物,肌胃利用沙砾磨碎食物。鸟类的直肠极短,不贮存粪便。鸟类消化力强,消化过程十分迅速。这是鸟类活动性强、新陈代谢旺盛的物质基础。

5. 鸟的循环系统

家鸽的血液循环如图 7-93 所示。

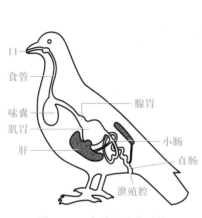

图 7-92　家鸽的消化系统

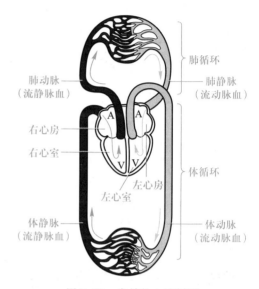

图 7-93　家鸽的血液循环

家鸽的心脏已隔成完整的四室,心室里的动脉血和静脉血全部分开,构成完全的双循环。它的代谢旺盛,血流快,体温高而恒定。

6. 鸟的排泄系统

鸟的一对肾贴附于体腔背壁。输尿管沿体腔腹面下行,通入泄殖腔。鸟不具膀胱,所产生的尿连同粪便随时排出体外,这也是减轻体重的一种自然适应。

7. 鸟的神经系统

飞行要求鸟类具有非常快速的反应能力,所以,鸟类有发达的大脑和小脑(图 7-94)。发达的小脑对控制和调节飞翔动作有重要作用。

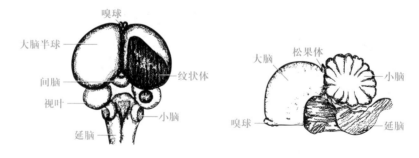

图 7-94　家鸽的脑

小百科

始　祖　鸟

科学研究表明,鸟类起源于距今 1.5 亿年前的原始爬行类动物。1861 年,在德国发现了一种动物的化石——始祖鸟(图 7-95)。始祖鸟的大小和乌鸦差不多,被覆羽毛。它具有和鸟翅膀一样的前肢,但前肢的末端还有指,指的末端有爪。它的嘴里有牙齿,但嘴的外形像鸟喙。它的身体结构既像爬行类,又有鸟类的特征。始祖鸟的发现意义非常重大,是人类探索鸟类起源的重大成果,也是人类研究生物进化道路上的里程碑。它有力地支持了 1859 年达尔文发表的名著《物种起源》,有力地证明了鸟类确是起源于爬行类动物,是由爬行类演化而来的。

图 7-95　始祖鸟

8. 鸟的生殖系统

雄性鸟具成对的白色睾丸,从睾丸伸出输精管,与输尿管平行进入泄殖腔。雌性鸟右侧卵巢退化,左侧卵巢内充满卵泡。有发达的输卵管,输卵管前端以喇叭状薄膜开口对着卵巢。后方弯曲处的内壁富有腺体,可分泌蛋白并形成卵壳,末端短而宽,开口于泄殖腔。鸟的输卵管只有左侧的发育,右侧的退化掉了。

鸟卵(图 7-96)包括卵黄、卵白和卵壳 3 个部分。卵黄位于卵的中央,外面为卵黄膜。卵黄上面有 1 个白点,里面有细胞核。卵黄为胚胎发育提供营养。卵白可分为浓卵白和稀卵白。浓卵白围绕着卵黄,稀卵白靠近卵壳。卵黄两端有由浓卵白构成的系带,起到固定卵黄的作用。卵壳的外层为碳酸钙构成的硬壳。硬壳内有两层软壳,叫作卵壳膜。两层卵壳膜之间有气室,在卵的钝端。硬壳外面有一层胶质护膜。新产下的卵,胶质护膜封闭壳上气孔。随着卵的存放或孵化,胶质护膜逐渐脱掉,空气进入,水蒸气或胚胎呼吸产生的二氧化碳向外排出。

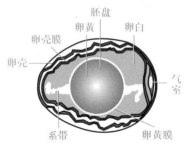

图 7-96　家鸽卵的结构

鸟具有筑巢、孵卵、育雏等一系列本能,保证了后代有较高的成活率。

综上所述,鸟是体外被覆羽毛,前肢变为翼,骨中空,内有空气,有喙无齿,心脏 4 个腔,用肺和气囊进行双重呼吸,体温恒定,卵生脊椎动物。

小百科

鸟类的迁徙

鸟类在一年四季有规律地出没,是因为它们具有迁徙的习性。依据这种习性,可将鸟类分为两大类。

1. 留鸟

留鸟终年在同一地区生活,没有迁徙现象,如乌鸦、喜鹊、麻雀等。

2. 候鸟

候鸟由于季节不同而变更生活场所。它们冬季在南方越冬,春秋又飞往北方繁殖,如家燕、大雁、野鸭、天鹅。这类鸟在越冬区称为"冬候鸟",在繁殖区称为"夏候鸟",而在往返迁飞途中过境的称为"旅鸟"。

引起鸟类迁徙的原因很复杂。一般认为这是鸟类的一种本能。这种本能不仅有遗传和生理方面的因素,也是对外界生活条件长期适应的结果,与气候、食物等生活条件变化有着密切关系。只要气候一发生变化,它们就纷纷开始迁飞。这样,可以避免北方冬季的严寒,以及南方夏季的酷暑。气候的变化,还直接影响到鸟类的食物条件。例如,入秋以后,我国北方大多数植物纷纷落叶、枯萎,昆虫陆续钻入地下入蛰或产卵后死亡,数量锐减。食物的匮乏促使以昆虫为食的小型鸟类不能维持生活,只有迁徙到食物丰盛的南方,才能很好地度过冬天。而以昆虫和小型食虫鸟为捕猎对象的鸟类也随之南迁。

思考与练习

1. 气囊对于鸟类的飞翔有什么意义?
2. 谈谈你认识的鸟类。它们的共同特征是什么?

小朋友的问题

鸟为什么会飞?

能像鸟在天空中自由飞翔,是古人的美好愿望。科学发展到今天,人类已借助各种飞行器械飞到了月球上。我们依然希望自己能像鸟儿一样在空中自由翱翔。鸟的外形呈流线型,在空气中运动时受到的阻力最小,有利于飞翔。飞行时,两只翅膀不断上下扇动,鼓动气流,就会产生巨大的下压抵抗力,使鸟体快速向前飞行。鸟的骨头是空心的,里面充有空气,减轻了体重,加强了支持飞翔的能力。鸟的胸部肌肉非常发达,还有一套独特的呼吸系统,这种特有的双重呼吸保证了鸟在飞行时的氧气充足。在鸟的身体中,骨骼、消化、排泄、生殖等各器官机能的构造,都趋向于减轻体重,增强飞翔能力,使鸟能克服地球吸引力而展翅高飞。

为什么人装上翅膀也飞不起来?

二、鸟类的多样性

鸟的体态优美、羽毛艳丽、鸣声悦耳动听,使大自然生机勃勃,美化了我们的生活,给人们以无限的艺术灵感和创作源泉。

> **思考与讨论**
>
> 探索:每一种鸟都有使自己在特定环境中生存的适应性结构。注意以下我们学习的几种鸟的特点,看看它们如何适应自身的生存?

鸟类是脊椎动物中的第二大类群。全世界鸟的种类有 9 200 多种,我国已知鸟类有 1 200 多种,是世界上鸟种类较多的国家之一。

根据鸟类的生活习性和形态结构特点,可以把它们分为猛禽类、鸣禽类、涉禽类、游禽类、走禽类、攀禽类、鹑鸡类等生态类群。

1. 猛禽类

猛禽类一般体形较大,主要吃肉。其共同特征是喙强大,呈钩状;足强大有力;爪锐利而钩曲;翼大善飞;性情凶猛,捕食动物。

（1）鸢

鸢(图 7-97)体态雄伟,性情凶猛,喙强大,呈钩状,胃肠发达,消化能力强。鸢可在 8 000 m 以上的高空连续翱翔几个小时。飞行中,一旦发现地面上的猎物,便突然垂直冲下。它有一副强壮的脚和锐利的爪,便于捕捉动物和撕破动物的皮肉。

（2）秃鹫

秃鹫(图 7-98)头部光秃,只有一点绒羽,颈部几乎裸露无毛,能看到它的铅蓝色皮肤,相貌丑陋无比,堪称鸟类中的"丑星"。秃鹫性凶残,孤独,生活在高山岩石上,吃动物的腐烂尸体,也捕获中小型动物。

图 7-97　鸢

图 7-98　秃鹫

（3）猫头鹰

猫头鹰(图7-99)脸形似猫,是夜行性鸟类,羽片柔软,飞时无声,视觉、听觉极发达。猫头鹰锋利而钩曲的嘴和爪,是捕食猎物的有力武器。每到夜幕降临、万籁俱寂的时候,它就悄悄地蹲在树上,转动着灵活的脖子,沉着而又机灵地进行着搜索。一发现田鼠,就迅速地飞扑过去,用利爪牢牢地将其抓住。它是田鼠的天敌,一只猫头鹰一年可捕获2 000多只害鼠,被人们称赞为"田园卫士"。但在深夜它常常会发出一种凄厉的、令人毛骨悚然的可怕叫声,加之其貌不扬,有人说它是"不祥之鸟",但这毫无科学依据。

图7-99　猫头鹰

小百科

猫头鹰的眼睛

猫头鹰眼睛具有特殊构造。视网膜上的感光细胞有两种,一种是锥状细胞,另一种是柱状细胞。锥状细胞可以感受强光,柱状细胞可以感受弱光。猫头鹰的视网膜主要由柱状细胞所组成,对弱光感受特别灵敏。另外,它的虹膜内只有辐状肌,没有环状肌。辐状肌只能使其瞳孔略微放大,而不能缩小。白天光线强时,进入瞳孔的光线太多,使眼内的视杆细胞无用武之地。因此,猫头鹰白天视力很差,只能躲在林中休息,是名副其实的"夜猫子"。

2. 鸣禽类

鸣禽类约占世界鸟类的3/5。鸣禽擅长鸣叫,能做精巧的窝。鸣禽的外形和大小差异较大。鸣禽的鸣声因性别和季节的不同而有差异,繁殖季节的鸣声最为婉转和响亮。鸣禽的共同特征是足短而细,三趾向前,一趾向后;具有发达的鸣管和鸣肌,善鸣啭;巧手善营巢。

（1）大山雀

大山雀(图7-100)是各地树林和果园

图7-100　大山雀

里很常见的一种小鸟。它的身体比麻雀略小，头部两侧各有一大块白斑，因此，又叫作白脸山雀。大山雀是有名的食虫益鸟。白天，它总是不停地在林间穿飞跳跃，搜捕害虫。小巧灵活的身体，适于在繁枝密叶间活动。喙短而直，爪弯而钝，四趾分开，三趾向前，一趾向后，适于抓握树干和树枝，啄食昆虫。大山雀食量很大，每昼夜吃的昆虫总量约等于自身体重。许多危害园林果木的害虫，如松毛虫、天牛幼虫和椿象等，都是大山雀的捕食对象。大山雀在春夏间繁殖。产卵之前先要筑巢，巢筑在树洞或墙洞里，用草茎、草根、苔藓、兽毛和羽毛等做材料。在巢里产卵、孵卵和育雏。

小百科

知 更 鸟

知更鸟（图7-101）是英国国鸟。如果冬季天气很恶劣，知更鸟等小鸟很容易被能吃的东西诱惑住，因为这时它们的食物供应已经枯竭。在一年中的这个时候，它们保暖的一种方法是大量消耗热量较高的食物，另一种方法就是蓬松起表层的羽毛，让温暖的空气贴近身体，这就如同增加了一条羽绒被。

图7-101 知更鸟

（2）喜鹊

喜鹊（图7-102）的毛大部分为黑色，肩腹部为白色。喜鹊多生活在人类聚居地区，喜食谷物、昆虫。一般3月筑巢，巢筑好后开始产卵，每窝产卵5~8枚。喜鹊肉可入药。喜鹊叫声干脆热闹，在中国民间将喜鹊作为吉祥的象征，牛郎织女鹊桥相会的传说及画鹊兆喜的风俗在民间都颇为流行。

图7-102 喜鹊

（3）百灵

百灵（图7-103）是小型鸟类。躯体呈流线型，主、副羽发达，尾羽较短。头顶高平，眼虽小但有神，颈部稍短但转动灵活，脚趾粗壮善于行走。喙较短但圆钝，适于啄植物种子。体长22 cm左右。

百灵叫声洪亮,善于模仿其他禽类和动物的叫声,甚至还能边唱边舞,很惹人喜爱。

(4)画眉

画眉(图7-104)长约23 cm,全身大部分棕褐色,头顶至上背具黑褐色纵纹,眼圈白色并向后延伸成狭窄的眉纹。画眉栖息于山丘和村落附近的灌木丛或竹林中,机敏而胆怯。常在林下草丛中觅食,不善于远距离飞翔。雄鸟在繁殖期常单独藏匿在杂草及树枝间,极善鸣啭。声音十分洪亮,歌声悠扬婉转,非常动听,是有名的笼鸟。

图7-103 百灵

图7-104 画眉

实践活动

"爱鸟周"活动

国务院规定每年4月中旬的第一周为全国爱鸟周。结合当地实际情况积极开展"爱鸟周"活动,既可以增加学生的鸟类知识,还可以培养学生热爱动物、保护环境的思想,陶冶情操。

活动安排如下。

1. 加强宣传

利用各种媒介进行宣传,号召大家爱鸟护鸟,保护生态平衡。让我们的家园山清水秀,鸟语花香。

2. 挂置人工鸟巢

挂置人工鸟巢可以为鸟类提供适宜的繁殖、居住条件,从而招引益鸟。

3. 观鸟

(1)识别当地鸟的种类,可通过摄影、拍照、速写等记录鸟的形体特征。

(2)观察不同鸟类的栖息状态、飞翔动作、飞行高度等。

(3)观察各种鸟类的捕食情况:食物种类、数量等。

(4)记录各种鸟类的鸣声。

3. 涉禽类

涉禽是指那些适应在沼泽和水边生活的鸟类。涉禽的共同特征是腿、喙、颈都很长,善于在浅水中行走和啄取食物。

(1)白鹭

白鹭(图7-105)喙长、颈长、腿长、趾长,便于水中涉行和捕食水中的小鱼、小虾。

白鹭体态纤瘦,全身披白羽。生殖期间,由枕部长出两根长长的白翎,一直垂到背上,背部、胸部长出许多的长蓑羽(贵重装饰品)。

（2）丹顶鹤

丹顶鹤(图7-106)除颈部和飞羽后端为黑色外,全身洁白,头顶皮肤裸露,呈鲜红色。丹顶鹤为鸟中最为长寿者,寿命长达五六十年。是鸟类中的"老寿星",为国家一级保护动物。

图 7-105　白鹭

图 7-106　丹顶鹤

丹顶鹤羽色素朴纯洁,体态飘逸雅致,鸣声超凡不俗。《诗经·鹤鸣》中有"鹤鸣于九皋,声闻于野"的精彩描述。丹顶鹤在中国古代神话和民间传说中被誉为"仙鹤",成为高雅、长寿的象征。

小百科

朱 鹮

朱鹮(图7-107)又称为朱鹭,是世界上一种极为珍稀的鸟。它过去曾广泛生活在中国、朝鲜、日本和俄罗斯远东地区。现在在其他国家早已绝迹,日本只剩下笼中饲养的 3 只。我国的朱鹮在失踪了 20 多年后,于1981 年在陕西省洋县姚家沟发现了 7 只,当时曾轰动世界。经过悉心保护,朱鹮数量正在增加。朱鹮长喙、凤冠、赤颊,浑身羽毛白中夹红,颈部披有下垂的长柳叶形羽毛,体长约 80 cm。它平时栖息在高大乔木上,觅食时才飞到水田、沼泽地和山区溪流处,以捕捉蝗虫、青蛙、小鱼、田螺和泥鳅等为生。朱鹮 5 月产卵,每次三、四枚,雄、雌朱鹮轮流孵卵。经一个月左右,雏鸟破壳而出,仍由父母轮班照看,共同喂养。

图 7-107　朱鹮

4. 游禽类

游禽是喜欢在水中取食和栖息鸟类的总称。游禽的共同特征是喙大多宽而扁平；足短,趾间有蹼,善于游泳。

（1）绿头鸭

绿头鸭（图7-108）又叫作野鸭,生活在湖沼附近和水流缓慢的河湾里。身体像一艘平底船,适于在水面浮游。双足趾间有蹼,适于游泳。喙扁而阔,边缘有锯齿,适于滤食水里的食物,以植物为主要食物。野鸭不仅能游泳,也善于飞行。冬季,成群的野鸭由西伯利亚和我国北方向南迁飞,到我国冬季不结冰的地方越冬；春季,再从越冬的地方飞回北方繁殖。野鸭肉味极佳。羽毛可以作被褥的填充材料,也可以用来制作各种工艺品。

图7-108　绿头鸭

（2）鸳鸯

鸳鸯（图7-109）雌、雄偶居,形影不离,又称匹鸟。鸳鸯最有趣的特性是"止则相耦,飞则成双"。千百年来,鸳鸯一直是夫妻和睦相处、相亲相爱的美好象征,备受赞颂。鸳鸯全长约40 cm。雄鸟羽色艳丽,头后有铜赤、紫、绿等色羽冠；嘴红色,脚黄色。雌鸟体稍小,羽毛苍褐色,嘴灰黑色。

（3）天鹅

天鹅（图7-110）全身洁白,喙黄。游泳时长颈直伸于水面,体姿优美,常被作为文艺作品的主题,世界著名芭蕾舞剧《天鹅湖》的优美舞姿就来源于此。天鹅擅长高飞,飞行高度可达9 km。

图7-109　鸳鸯

图7-110　天鹅

5. 走禽类

走禽类的特征是翼退化；胸骨上没有龙骨突；善于奔跑,不善于飞行,足趾较少。

鸵鸟（图7-111）是典型的走禽类,又叫非洲鸵鸟,是现存的体形最大的鸟。鸵鸟生活在非洲沙漠荒原中,以草、叶、种子、野果、昆虫和软体动物为食物。雄鸟高达2.75 m,体重 135 kg,雌鸟稍小。鸵鸟两眼巨大,视觉发达,翼退化,腿长强大,足下有肉垫,便于在沙漠中行走。奔跑时,翼像船帆似的展开,扇动助跑。一步可跨 8 m,速度达 60 km/h,为快马所不及。鸟卵为"鸟类之冠",每个 1 300 g,卵壳坚硬,一个人站上去不会破碎。孵卵时雌、雄交替,分工合作,很是公平。鸵鸟肉味鲜美,皮可制高级皮革,羽毛可制高级服饰,是一种经济价值很高的鸟类。

图 7-111　鸵鸟

小百科

世界上最小的鸟

世界上最小的鸟要算蜂鸟(图 7-112)了。蜂鸟分布在美洲,有许多种。其中身体最大的跟家燕差不多,最小的却比黄蜂还小。有一种小型的蜂鸟,产下的卵只有豌豆粒那么大,体重只有 0.2 g。蜂鸟羽毛鲜艳,常常穿飞于花丛中。用它那又细又长的喙吸食花蜜,有传粉作用。它还有一个有趣的特点,就是能在飞行中悬空定身或倒退飞行(翅膀扇动极为迅速,每秒钟约 80 次)。我国于 1985 年 7 月 31 日在福建武夷山首次发现一种大小似蜜蜂的蜂鸟,为我国鸟类资源填补了一个空白。

图 7-112　蜂鸟

6. 攀禽类

攀禽大多数生活在树林中。共同特征是足短而健壮,大多为两趾向前,两趾向后,善于攀缘树木。

（1）啄木鸟

"提起啄木鸟(图 7-113),谁人不知晓,每天一清早,总把树木敲。"

啄木鸟喙强直如凿;舌长而能伸缩,先端列生短钩;两趾向前,两趾向后。尾羽坚硬,富有弹性,支持身体,与双爪三点成一面构成了一个三角形支架,牢牢地立在树干上。啄食害虫,是著名的"森林医生"。

(2)鹦鹉

鹦鹉(图7-114)是著名的观赏鸟类,羽毛色彩华丽,喙钩曲坚硬,适于啄食果实。它的足两趾向前,两趾向后,适于攀缘。鹦鹉经过训练,可以模仿人类语言。

图 7-113 啄木鸟   图 7-114 鹦鹉

7. 鹑鸡类

鹑鸡类的共同特征是喙坚硬;后趾中型而强健,趾端有钩爪;翼短小;善走,不善飞,常以爪拨土觅食;多数雄鸟有显著的肉冠。

孔雀(图7-115)是典型的鹑鸡类。雄鸟羽毛华丽,流光溢彩,尤其是尾羽,格外引人注目。尾上面覆盖着长过身体两倍的覆羽,一部分覆羽末梢构成宝蓝色的眼斑。雌鸟没有长而美丽的尾羽。

繁殖季节,雄孔雀常常在雌孔雀面前展开尾屏(图7-116)翩翩起舞。那些宝蓝色眼斑就像无数面小镜子,在阳光照射下五光十色,光彩夺目。孔雀的羽毛珍贵,可制高级工艺品。绿孔雀是我国一级保护动物。

图 7-115 孔雀   图 7-116 孔雀开屏

实践活动

鸽子的饲养

1. 喂食

鸽子饲料以杂粮为主,比较常用的有小麦、荞麦、高粱、玉米、豌豆、绿豆等。应至少选用两种饲料混合饲喂。每天喂料两次,上午 7 点左右 1 次,下午 4 点 30 分左右 1 次。上午的饲喂量占其日粮的 1/3,下午的饲喂量占其日粮的 2/3。每只成年鸽每天的饲料量为 50 g 左右,训练时可适当增加一点。饲喂应在鸽子回到鸽舍后,使其形成回舍有食的条件反射,以利于归巢。

2. 清洁

鸽子是极爱清洁的鸟类,必须十分注意鸽舍的清洁卫生。夏、秋季每周至少水浴两次,冬季每周水浴 1 次即可。鸽粪中常带有一种致命的真菌,叫作新生隐球菌。它可以引起隐球菌性脑膜炎,急性的,若不能及时抢救,常在数日至 3 周内死亡。

思考与练习

不同鸟类的主要特征是什么?

小朋友的问题

帝企鹅爸爸是怎样孵化小帝企鹅的?

答:帝企鹅妈妈一般在四、五月间生下一枚淡绿色的蛋。产卵之后,它便把蛋交给了帝企鹅爸爸,由帝企鹅爸爸担负孵育小企鹅的责任。这时,正值极地寒季,狂风和 −50 ℃ 以下的低温造成最为艰苦的生物繁殖条件。孵蛋的帝企鹅爸爸们都肩并肩地背风而立,如同一堵挡风的矮墙。帝企鹅爸爸把蛋搁在带有厚蹼的双脚上,使它不直接接触冰冷的地面。然后从腹部耷拉下一块皱皮,严严实实盖住所孵的蛋。帝企鹅爸爸不吃不喝 60 多天,光靠消耗自身体内的脂肪来提供孵蛋所必需的体温,并维持身体最低限度的新陈代谢。

第十一节　哺　乳　纲

哺乳动物是动物界中分布最广泛、功能最完善、进化最高等的动物,与人类关系非常密切。

思考与讨论

为什么哺乳动物是动物界中功能最完善、进化最高等的动物?

一、哺乳纲的主要特征

1. 体外被毛,形态多样

哺乳动物外形最显著的特点是体外被毛,有保温作用。皮肤结构致密,具有良好的抗透水性、敏感的感觉功能和控制体温的功能。还能有效地抵抗张力,阻止细菌侵入,有重要的保护作用。适应于不同生活方式的哺乳动物,在形态上有较大改变。水栖种类(如鲸)体呈鱼形,附肢退化呈桨状。飞翔种类(如蝙蝠)前肢特化,具有翼膜。穴居种类体躯粗短,前肢特化如铲状,适应掘土。

2. 体腔中有膈

体腔中有膈,这是哺乳动物所特有的。膈把体腔分为胸腔和腹腔。膈的收缩和舒张,引起胸腔的扩大和缩小,能增强哺乳动物的呼吸机能。

3. 哺乳动物的消化系统

哺乳动物的消化系统发达,最显著的特点是牙齿有了分化。

牙齿分化为门齿和臼齿,部分哺乳动物还有犬齿。门齿长在上下颌的中央部分,适于切断食物。犬齿尖锐锋利,适于撕裂肉食。臼齿长在上下颌的两侧,适于磨碎食物。草食动物的门齿和臼齿发达(图7-117),肉食动物的犬齿发达(图7-118)。

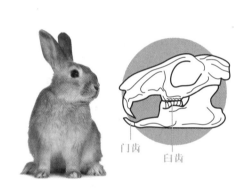

图 7-117　家兔的牙齿

图 7-118　虎的牙齿

哺乳动物的小肠高度分化,加强了对营养物质的吸收作用。小肠与大肠交界处为盲肠。草食性哺乳动物的盲肠特别发达,在细菌作用下,有助于植物纤维质的消化。消化腺主要有唾液腺、肠腺、肝和胰腺等,能分泌消化液来消化食物(图7-119)。

4. 哺乳动物的呼吸系统

哺乳动物的呼吸系统由鼻腔、咽、喉、气管及支气管、肺组成。气管壁由许多半环形软骨及软骨间膜所构成。气管到达胸腔时,分为左、右支气管而进入肺。肺位于胸腔内,心脏的左右两侧,呈粉红色海绵状。

5. 哺乳动物的循环系统

哺乳动物的心脏由左心房、右心房、左心室和右心室组成,有肺循环和体循环两条血液循环路线。完全的双循环是脊椎动物身体结构与功能趋于完善的一个重要条件。哺乳动物的循环系统输送氧的能力很强,能够使身体产生大量的热量,同时身体有调节

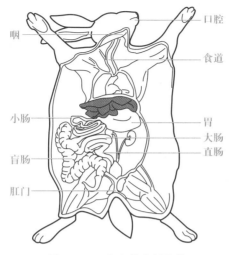

图 7-119　家兔的内部结构

体温的结构,因此可以保持恒定体温。

　　哺乳动物通过血液循环将养料和氧气送给全身各器官、系统,同时各器官、系统产生的二氧化碳及其他废物分别由呼吸系统和排泄系统排出体外。

　　家兔的血液循环如图 7-120 所示。家兔的心脏如图 7-121 所示。

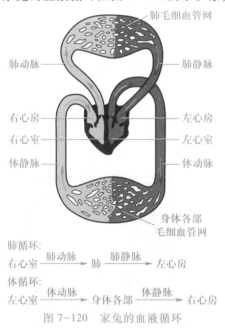

肺循环:

右心室 $\xrightarrow{\text{肺动脉}}$ 肺 $\xrightarrow{\text{肺静脉}}$ 左心房

体循环:

左心室 $\xrightarrow{\text{体动脉}}$ 身体各部 $\xrightarrow{\text{体静脉}}$ 右心房

图 7-120　家兔的血液循环

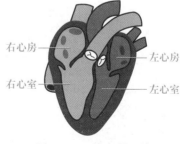

图 7-121　家兔的心脏

6. 哺乳动物的排泄系统

　　哺乳动物有肾一对,紧贴于腹腔背壁、脊柱两侧。由肾门各伸出一条输尿管,进入储存尿液的膀胱,其后部缩小通入尿道。雌性尿道开口于阴道前庭;雄性尿道很长,兼作输精用。

7. 哺乳动物的神经系统

哺乳动物的神经系统（图7-122）由脑、脊髓和神经组成。大脑和小脑体积增大（图7-123），神经细胞所聚集的皮层加厚并且表面出现了皱褶（沟和回）。哺乳动物具有高度发达的神经系统，能够有效地协调体内环境，并对复杂的外界环境变化迅速做出反应。

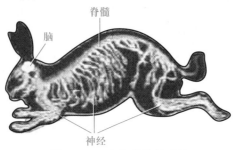
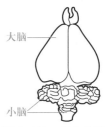

图7-122　家兔的神经系统　　　　图7-123　家兔的脑

8. 哺乳动物的生殖和发育

哺乳动物主要特点是胎生、哺乳。

（1）雄性生殖系统

在睾丸端部的盘旋管状构造为附睾。由附睾伸出的是输精管。输精管经膀胱后面进入阴茎而通体外。在输精管与膀胱交界处的腹面，有一对精囊腺。

（2）雌性生殖系统

在肾下方的腺体为卵巢。卵巢外侧各有一条细的输卵管，输卵管下端膨大部分为子宫。

哺乳动物进行体内受精，雌、雄生殖器官发育成熟后，就会进行交配。雄性的精子进入雌性体内，与卵细胞结合形成受精卵，完成受精作用。受精卵在母体的子宫内，经过细胞分裂和分化，发育成胚胎。胚胎在子宫里继续发育成胎儿。胎儿发育过程中所需营养的获得及废物的排出都要经过母体子宫内的特殊结构——胎盘（图7-124）。胎盘是胎儿（图7-125）与母体进行物质交换的器官，也是哺乳动物所特有的结构。胚胎在母体的子宫里发育成胎儿后，从母体产出，这种生殖方式叫作胎生。胎儿产出后，母体用乳汁哺育幼体。

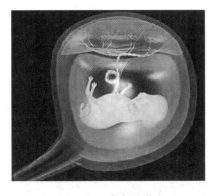
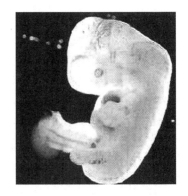

图7-124　家兔的胎盘　　　　　图7-125　家兔的胎儿

胎生和哺乳是哺乳动物所特有的生殖发育特点。这样可以使后代的成活率大大提高，而且也增强了哺乳动物对陆上生活的适应能力。

综上所述,哺乳动物是体表被毛;牙齿有门齿、臼齿和犬齿的分化;体腔内有膈;用肺呼吸;心脏四室;体温恒定;大脑发达;胎生、哺乳的脊椎动物。

思考与讨论

美国食品药品管理局要求:新药在人类使用前,首先要在实验动物身上测试。通过测试,研究人员可以知道这种药物是否有效、人使用多少剂量安全。正因为有了动物研究,许多疑难杂症现在都可以治疗或预防了。最常用的实验动物是小鼠、大鼠或其他小型的哺乳动物。

争论焦点:假设你是一位已经发现某种癌症治疗方法的科学家。药物首先需要在实验动物身上测试,但你知道测试可能会对动物造成伤害,你会怎么做?

实践活动

家兔的饲养

1. 选择兔舍

兔舍应该建在安静、干燥、阴凉通风的地方。

2. 喂食

兔子是杂食性的,早晚要喂一次。饲料里也可以加一些麦片或磨牙用的饲料。有时可喂蔬果,例如空心菜、芹菜、萝卜,等等。喂食前,应彻底清洗干净,洗好之后放在通风处晾干 1~2 h(不要曝晒在太阳下)。兔子需要喝水,但不能给生水,必须是煮过的水。

3. 清洁

兔子很爱干净,可以在笼子下铺报纸。兔尿非常臭,量又多,所以要常更换报纸。

思考与练习

1. 什么是胎生、哺乳?
2. 哺乳动物有哪些特征?

小朋友的问题

小白兔的眼睛为什么是红色的?

答:兔子的身体里有一种色素。兔子眼睛的颜色与其皮毛的颜色有关系。小白兔身体里不含色素,它的眼睛是无色的,我们看到的红色是血液的颜色。这是因为小白兔眼睛里的血丝(毛细血管)反射了外界光线,透明的眼睛就显出红色。反射的光线越强烈,红色就越鲜艳。

二、哺乳动物的多样性

哺乳动物的种类很多,全世界有4 000多种。其中有的善于在陆地上奔跑,有的能够在空中飞翔,也有些种类常年生活在水中,善于游泳,捕食鱼虾。与哺乳动物不同的生活习性相适应,它们的形态结构也千差万别。

思考与讨论

探索:从小巧的鼹鼠到巨大的鲸鱼,哺乳动物的大小和外形差异很大,那么以下各种动物是如何适应捕食和在其特定环境中生活的?

1. 单孔目

单孔目是最低等的哺乳动物,现存种类不多,仅分布在澳大利亚一带。共同特征是身体的后端只有1个孔——泄殖腔孔,生殖细胞、粪、尿都由这个孔排出体外;卵生;用乳汁哺育幼兽。

（1）鸭嘴兽

鸭嘴兽(图7-126)栖居于溪流和湖泊的岸边,清晨或黄昏活动。主要在水底觅食,以鱼、虾、水生昆虫、蜗牛和其他小型无脊椎动物为食。鸭嘴兽嘴似鸭嘴,指趾间有蹼和爪,适于游泳和挖洞,全身有毛,尾扁平。体温不太恒定(24~34 ℃),体后只有一个泄殖腔孔。雌、雄在水底交配。雌鸭嘴兽在巢中产卵两枚。雌鸭嘴兽的腹部有乳腺,能分泌乳汁,但无乳头。哺乳时幼兽爬到仰卧的母兽身上,从凹沟里挤吸流出的乳汁。

（2）针鼹

针鼹(图7-127)栖息于多石、多沙和多灌木丛的区域,黄昏和夜晚主要靠听觉和嗅觉进行活动,遇到敌害会卷成一个刺球保护自己。针鼹吻细长,适应食蚁生活,它用细长而富有黏液的舌来捕获蚂蚁,并用舌上的角质板和口腔顶部的硬嵴来磨碎。爪强有力,适于挖掘。背部和体侧覆以硬刺,靠近尾的基部有单一的泄殖腔孔。繁殖习性很特别。雌兽把1枚具有革质壳的卵直接由泄殖腔孔产到育儿袋中,10天后,发育不全的幼仔破壳而出。它在袋中靠母乳生活约两个月。

图7-126 鸭嘴兽

图7-127 针鼹

2. 有袋目

有袋目是比较低等的哺乳动物,种类较多,主要分布在澳大利亚。主要特征是母兽有育儿袋;生殖方式是胎生,但是没有胎盘,初生的幼兽发育很不完全,必须在育儿袋中哺育长大。

在澳大利亚辽阔的草原上,常常可以看到一群群的袋鼠(图7-128)飞驰而过,场面十分壮观。

袋鼠妈妈在腹部有育儿袋,生殖方式是胎生,但是没有胎盘。初生的幼兽发育很不完全,只有人1个手指的一截那么大,幼兽在育儿袋内靠乳汁哺育长大。约历经8个月,幼兽发育长大,跳出育儿袋跟随母兽觅食。

图7-128 袋鼠母子情

小百科

跳高冠军大袋鼠

大袋鼠的前腿要比后腿短得多。它行动时,不像别的动物那样一步一步往前走,而是两条腿同时起落,跳跃前行。它跳起来可快啦,一跳就是2~3 m远、6~8 m高,每小时可以达到50~60 km,和汽车一样快。遇到两三米高的障碍物,它可以很轻巧地一跃而过,真可算是动物界中的跳高冠军了。

3. 翼手目

翼手目动物是能够飞翔的哺乳动物。特征是前后肢和尾之间连以皮膜,形成两翼,能够飞行;牙齿细小而尖锐。

思考与讨论

蝙蝠与鸟类的主要区别是什么?

夜幕降临,小鸟归巢,却有一种形状像鸟的动物从屋檐下飞出,扇动着翅膀,在空中兜着圈子,它就是蝙蝠(图7-129)。蝙蝠善于夜飞,漆黑的夜晚,它忽上忽下,急剧地变换着飞行方向和速度,捕捉飞虫。

蝙蝠用超声波定位器来确定方位。在飞行过程中,蝙蝠的喉内产生一种超声波,通过嘴或鼻孔发射出来。遇到物体时,超声波便被反射回来,由蝙蝠的耳朵接收,判定目标和距离。若是食物便捕捉,若是障碍物便躲开。人们把这种根据回声探测目标的方法,称为"回声定位"。蝙蝠的回声定位器是非常精致的导航仪器。蝙蝠能够捕食大量害虫,如蚊、蝇等,是益兽,我们应该保护它。

晚上蝙蝠为什么能看得见蚊子?

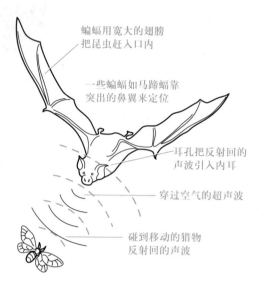

图 7-129 蝙蝠

蝙蝠用宽大的翅膀把昆虫赶入口内

一些蝙蝠如马蹄蝠靠突出的鼻翼来定位

耳孔把反射回的声波引入内耳

穿过空气的超声波

碰到移动的猎物反射回的声波

小百科

蝙蝠的仿生学应用

根据蝙蝠超声定位的原理，人们已经制造出了一种超声波导盲杖，利用它盲人可以准确地判断四周障碍物的位置。这种探路仪内装一个超声波发射器，盲人带着它可以"发现"电杆、台阶、桥上的人等。如今，有类似作用的"超声眼镜"也已制成。另外气象雷达是一种用来监测天气的雷达，通过它，我们可以知道降水及一些灾害天气的范围和强度等气象信息。超声波的科学原理，现已广泛地运用到航海探测、导航和医学中。蝙蝠回声定位的精确性和抗干扰能力，对于人们研究提高雷达的灵敏度和抗干扰能力，有重要的参考价值。

4. 鲸目

鲸目都生活在水中。多数生活于海洋，如抹香鲸、海豚等；少数生活在江河中，如白鳍豚等。鲸目的共同特征是终生生活在水里；胎生、哺乳；皮肤无毛；前肢和尾部都变为鳍状，后肢退化。现代生物学研究表明，鲸目是原始偶蹄类进入水中生活后演化而来。

思考与讨论

鲸与鱼类有哪些显著的区别？

（1）蓝鲸

蓝鲸（图 7-130）是现存世界上最大的动物。胎生、哺乳。蓝鲸产下的幼鲸一出世，就是一个"胖娃"；质量可达 800 kg，体长 8 m。幼鲸在出生后一年的哺乳期，每昼夜以 100 kg 的速度在增重。2 岁左右的蓝鲸已增重到 29 t 以上。蓝鲸不仅是世界上最重的动物，也是长势最快的动物。蓝鲸呼气时喷水可达 9~12 m 高。

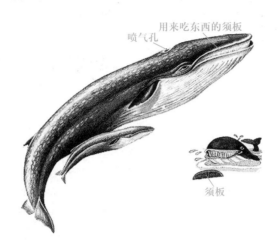

喷气孔　用来吃东西的须板

须板

图 7-130　蓝鲸

小百科

蓝鲸轶事

1926 年 3 月，在英国南部人们捕获了一条蓝鲸，身长 33 m 以上，竖立起来有十层楼房那么高；体重 170 t，比陆生大象重 30 倍。如果把这条蓝鲸放在巨型天平上，另一头要站 15 头大象，加 50 头肥壮的牛，还要加 1 000 多个胖小伙子，才可能平衡。仅蓝鲸心脏质量就 700 多千克，相当于一匹高头大马；一个肾重约 1 t；一根舌头重 3.5 t；肠子长 250 m。

鲸终生生活在海洋中，身体变得跟鱼有很多相似之处，头部和躯干部直接相连；尾部特化为尾鳍；前肢变成鳍，后肢已退化；体表光滑无毛。

鲸与鱼类又有显著的区别：鲸用肺呼吸；心脏分四腔；体腔内有膈；体温恒定；胎生；哺乳。这些特征都说明鲸是哺乳动物，而不是鱼类（图 7-131）。

（2）海豚

海豚（图 7-132）是潜泳能手。一般嘴尖，主要以小鱼、乌贼、虾、蟹为食。海豚喜欢过集体生活，是一种本领超群、聪明伶俐的海中哺乳动物。

图 7-131 抹香鲸捕食

图 7-132 海豚

小百科

聪明的海豚

动物界谁最聪明? 可能有人会说是黑猩猩。可是海洋学家却认为,海豚和人类一样也有学习能力,甚至比黑猩猩还略胜一筹,有海中"智叟"之称。海豚是非常聪明、伶俐的动物,有着十分出色的表现:它利用回声定位能准确无误地识别目标;能给潜水人员传递信息;经常救护海难中落水的人们;能给危险海域的轮船领航,保证船只顺利航行;能表演各种精彩的杂技节目,堪称水中"杂技演员"。

(3) 白鳍豚

白鳍豚(图 7-133)是生活于江、湖中的淡水哺乳动物,身体呈纺锤形,全身皮肤裸露无毛,有长吻,眼小而退化;声呐系统特别灵敏,能在水中探测识别物体。背鳍呈钝三角形,鳍肢与尾鳍均向水平方向平展。体背部青灰色,腹部白色,鳍也为白色,因而得名白鳍豚。

2007 年,《皇家协会生物信笺》期刊发表报告,正式公布白鳍豚功能性灭绝。

图 7-133 白鳍豚

5. 食肉目

食肉目的共同特征是门齿不发达,犬齿长大,臼齿的咀嚼面上有尖锐的突起,臼齿中有强大的裂齿;性凶猛,以其他动物为食。

(1) 虎

虎(图 7-134)以威武、雄伟著称,虎啸一声,山林震撼。被人们称为"百兽之王"的虎,生活在高山密林里。它全身长满金黄色或橙黄色的毛,前额有似"王"字形的斑纹,有的体表生有美丽花纹。虎的四肢强健,指和趾端长着能伸缩的利爪。虎经常在黎明和黄昏时分活动,悄悄潜伏在树丛中,等猎物靠近时突然跃起袭击。

我国的东北虎体态魁伟,毛色斑斓,是观赏动物。它和华南虎都是我国的一级保护动物。

（2）狮子

狮子（图7-135）是群居生活的,通常以家族为单位,由一头健壮的雄狮为首领,附属1~6头成体雄狮,4~12头成体雌狮和它们的幼崽组成。首领在家族中享有绝对权威,保卫领地和雌狮不受外来雄狮的侵扰。

非洲狮毛色黄褐,腹部和腿内侧白色,耳背面黑色。雄狮颈鬣发达,茶褐色到浅红棕色,头和体长2.6~3.3 m,尾长60~100 cm,肩高1.2 m,体重150~250 kg。雌狮比较小。

图7-134　虎

图7-135　狮子

（3）狼

狼（图7-136）是适应性相当强的一种动物,分布广泛,无论酷暑饥寒它们都能生存。狼是狗的祖先,所以,狼的长相和狗很相像,两耳直立,嘴比狗略尖,狼的牙齿也比狗的牙齿大。狼的基本体色呈灰黄,其间杂有黑、褐、乳白等杂色毛。

狼的嗅觉非常灵敏,性机警,多疑而残忍。狼的四肢强健有力,身体轻捷,奔跑起来时速可达56 km。所以它们也常常猎食善于奔跑的有蹄类,甚至危及家畜,伤害人类。狼虽残忍,但它们对自己的幼崽则充满了"母爱"。

（4）大熊猫

大熊猫（图7-137）是中国特产、国宝,是世界著名的稀有珍贵动物。大熊猫是我国一类保护动物。

只需平常而单调的黑白两色就把大熊猫打扮得朴素而珍奇。大熊猫的外表长得似熊非熊,似猫非猫,形象独特,姿容潇洒,行动滑稽,动作天真,满脸稚气,性情温驯,特别惹人喜爱。

图7-136　狼群

图7-137　饱餐中的熊猫

吃竹子的"肉食动物"大熊猫

大熊猫原本应属于肉食动物行列。在科学分类中,大熊猫属于哺乳纲、食肉目,它的祖先有尖锐发达的犬齿、较短的肠道,以及肉食动物的消化生理特点。大熊猫在进化过程中,仍保留了祖先的这些特点。只是由于生存环境发生了很大改变,大熊猫为了适应生态环境的变化,隐居深山竹林,慢慢就变成了吃竹子的肉食动物。现在,大熊猫的臼齿发达,爪子除了五趾外还有一个"拇指"。这个"拇指"其实是由一节腕骨特化形成的,主要起握住竹子的作用。大熊猫之所以从肉食动物变成吃素食的动物,关键在于它体内的纤毛虫。纤毛虫是食草动物所特有的,它的生物总量占整个消化道微生物总量的 50%左右,在植物性食物的消化与利用方面发挥着重要作用。

6. 偶蹄目

牛、羊、猪等都属于偶蹄目,其共同特征是每肢有两指(趾)发达,着地,其余各指(趾)退化,指(趾)末端有蹄。有新的研究支持鲸目和偶蹄目合为鲸偶蹄目。

(1) 长颈鹿

长颈鹿(图 7-138)有"巨人"之称,是当今世界上最高的动物了。长长的脖子高高地耸立着,引起了人们极大的兴趣。现今发现最高的长颈鹿可达 6 m。

长颈鹿生活在干旱而开阔的草原地带,好群居。听觉和视觉非常敏锐。善跑,时速可达 50 多千米。由于脖子太长,所以奔跑时颈和头做自由摆动,以平衡身体。尾巴高高地卷到背上。

图 7-138 长颈鹿

长颈鹿的天敌是狮子,自卫能力不强。应付敌害的办法,除了拼命逃跑以外,不得已时用头撞和脚踢。

(2) 骆驼

骆驼为什么不怕渴?

骆驼号称"沙漠之舟",大型偶蹄类。骆驼体躯高大,头小,耳短,上唇中央有裂,鼻孔内有瓣膜可防风沙。背具驼峰,尾较短。四肢细长,脚掌下有宽厚的肉垫。全身被以淡棕黄色细密而柔软的绒毛。

骆驼生活于戈壁、荒漠地带。骆驼性情温驯,机警顽强,反应灵敏,奔跑速度较快且有持久性,能耐饥渴及冷热,故有"沙漠之舟"的称号。早在 2000 多年前,家养双峰驼就是我国著名的古代"丝绸之路"上的交通工具。

（3）梅花鹿

梅花鹿是一种珍贵而稀有的动物。雌鹿较小。雄鹿有角，一般四叉。尾短。夏毛棕黄色，遍布鲜明的白色梅花斑点，故称"梅花鹿"。

小百科

鹿角和鹿茸

梅花鹿以产鹿茸而闻名世界。每年春季，雄鹿的旧角脱落，长出新角。新角质地松脆，外面有一层天鹅绒似的皮肤，这层带绒毛的皮肤里密布着血管。这时的鹿角才是鹿茸。

（4）麝

麝（图7-139）又名香獐子，全身褐色。因雄麝在脐部和生殖器之间有香囊，能分泌和贮存麝香，故得名。麝体长70~80 cm，后肢明显长于前肢，雌、雄头上均无角。雄性具有终生生长的上犬齿，呈獠牙状突出口外，为争斗的武器。

图7-139　麝

小百科

麝　香

麝香在香料和医药工业中有着传统的、不可替代的价值，位居四大动物香料（麝香、灵猫香、海狸香、龙涎香）之首。香味浓厚，浓郁芳馥，经久不散。我国生产的麝香不仅质量居世界之首，产量也占世界的70%以上。

7. 奇蹄目

奇蹄目的共同特征是每肢有一指（趾）或三指（趾）特别发达，指（趾）末端有发达的蹄，其余各指（趾）都已退化。

（1）斑马

斑马（图7-140）是非洲特有的哺乳动物。身上条纹可以在阳光下模糊体形轮廓，让天敌难以将捕捉目标锁定在幼崽身上，是适应环境的保护色。

（2）犀牛

犀牛（图7-141）分布在非洲和亚洲南部，头部有一个或两个角。由于对犀牛角的需求，导致犀牛遭到大量捕杀，濒临灭绝。

8. 长鼻目

长鼻目的主要特征是体躯庞大，鼻呈圆筒形而且特别长，皮厚毛稀，四肢粗大如柱。

目前，象（图7-142）是现存最大的陆生动物。鼻孔开口于鼻子末端，也叫做"鼻吻"，是由上唇和鼻子扩大而成的。整个象鼻由4万条纤细肌肉构成，里面有丰富的神经联系。象

图7-140　斑马

鼻灵活自如，喝水时用鼻子吸好再往嘴里放。鼻腔后面、食道上方有一块软骨。吸水时，它会自动将气管盖上，以免呛了肺。

象的实用价值很高。印度人把象当作财富的象征。象牙是工艺上的贵重原料，可做各种珍贵的雕刻品。

图7-141　犀牛

图7-142　象

小百科

象鼻的作用

大象那只长长地垂到地面上的大鼻子能伸能缩，舒展自如，感觉灵敏，动作灵活。象鼻还是它的探测器和武器，在丛林中行进，它用鼻子探路，扫除障碍；为了保护幼象免受敌害，母象还常用鼻子卷起幼象逃跑；它还可以用鼻子把对方卷起，抛向空中，落地摔死。驯服的大象可以用鼻子吹口琴哄小孩……大象的鼻子真是一只万能的手，粗而不笨，灵巧而有力。大至几百斤的木头，它能像起重机一样轻轻举起；小到一根针，它也能捡起来。所以，一只象如果失去了鼻子，那是不可想象的。

9. 灵长目

灵长目动物是最高等的哺乳动物。大脑发达,行为复杂,是重要的科学研究实验动物、著名观赏动物;与人类有较近的亲缘关系。主要特征:手和足都能握物;两眼生在前方;大脑发达;行为复杂。

（1）金丝猴

金丝猴(图7-143)是我国一级保护动物。毛发金黄的金丝猴憨厚可爱,是中国特有的猴类。体长53~77 cm,尾巴与体长相当,被毛既厚又长,蓝色脸庞上的鼻孔向上翘,嘴唇宽厚,因而又名"仰鼻猴"。雄猴体大,身强力壮,毛色鲜亮;雌猴较小,毛色略浅。

（2）猕猴

猕猴(图7-144)白天栖息在树林中,夜间在树上或岩壁上过夜。猕猴善于攀缘、跳跃,它的手和足都能握物,平时采食野果和野菜,也吃鸟卵和昆虫。

图7-143　金丝猴

图7-144　猕猴

猕猴的内部结构和生理机能与人接近,许多新研制的药物要在它身上进行实验,是高级的科学实验动物。猕猴大脑发达,马戏团常常训练它来做许多花样表演。老猕猴的肝、胆中形成的结石,是一种名贵药材,叫作猴枣。可治疗痰热喘咳、小儿惊痫。

（3）黑猩猩

黑猩猩(图7-145)是一种类人猿。在动物界中,与人类亲缘关系最近的就是黑猩猩。黑猩猩具有以下特征:大脑发达;双眼生在前方;手有五指,足有五趾,而且拇指(趾)与其他四指(趾)相对生,便于抓握;身体能够直立,没有尾巴;面部表情丰富,能表现出喜、怒、哀、乐情绪。黑猩猩群居生活。它们生活在非洲的森林里,主要以植物为食,也吃昆虫和某些小型兽类。

图7-145　黑猩猩

实践活动

组织学生参观动物园,观察记录不同哺乳动物的特征。

思考与练习

1. 为什么鸭嘴兽是最原始的哺乳动物?
2. 为什么鲸鱼不属于鱼类? 蝙蝠不属于鸟类?

猴子真的在抓虱子吃吗?

小朋友的问题

蝙蝠为什么不是鸟? 鲸为什么不是鱼?

答:因为蝙蝠的体表无羽而有毛,口内有牙齿,体内有膈将体腔分为胸腔和腹腔,这些都是哺乳动物的基本特征。更重要的是,蝙蝠的生殖发育方式是胎生,生下的幼蝠趴在母蝠身上吃母乳长大。而不像鸟类那样卵生,这一特征说明蝙蝠是名副其实的哺乳动物。

鲸虽然体形像鱼,但是它具有哺乳动物的特征。如鲸的幼体体表有毛,用肺呼吸,体温恒定,胎生,哺乳,与鱼类完全不同。因此,鲸属于哺乳动物。

第八章　生命的基本结构单位——细胞

本章学习提示

本章介绍组成细胞的化学元素和化合物、细胞的亚显微结构及细胞分裂的基础知识,为学生理解生物遗传的基本规律打下知识基础。

本章学习目标

通过本章的学习,将实现以下学习目标:

★ 了解细胞的组成成分。

★ 了解细胞的亚显微结构。

★ 了解细胞分裂的方式和过程。

地球上的生物由植物、动物、真菌、原生生物、原核生物和病毒等组成。种类繁多的生物体形态结构特点不一,除了病毒等少数种类以外,绝大多数的生物体都由细胞构成。生物体内或简单或复杂的生命活动,主要在细胞内进行。即使是没有细胞结构的病毒,离开活的细胞,也无法生存。因此说,细胞是生物体结构和功能的基本单位。

小百科

细胞的发现

第一个发现细胞的是英国学者胡克(Rorbert Hooke)。1665 年,英国的物理学家胡克用自己设计并制造的显微镜观察栎树软木塞切片时发现其中有许多小室,状如蜂窝,称为"cella",这是人类第一次发现细胞。不过,胡克发现的只是死的细胞壁。胡克的发现对细胞学的建立和发展具有开创性的意义。

1674 年,荷兰布商列文虎克(Anton van Leeuwenhoek)为了检查布的质量,亲自磨制透镜,装配了高倍显微镜(300 倍左右),并观察到了血细胞、池塘水滴中的原生动物、人类和哺乳动物的精子。这是人类第一次观察到完整的活细胞。

第一节 细胞的物质基础

生物体通过新陈代谢与外界环境之间进行物质交换,从中获得组成自身所需的各种物质。也就是说,组成细胞的物质在自然界中都能找到。这些物质是细胞的组成成分,是生物体完成一切生命活动的物质基础。

一、组成细胞的化学元素

科学家利用化学、物理、生物学等各种方法技术,对不同细胞的物质组成进行了研究。发现不同的细胞,其组成元素的含量不一。组成细胞化学元素含量的大致情况如图 8-1 和图 8-2 所示。

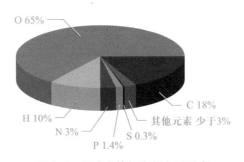

图 8-1 组成人体细胞的主要元素
(占细胞鲜重百分比)

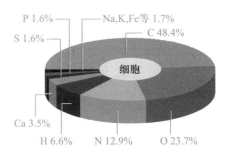

图 8-2 组成人体细胞的主要元素
(占细胞干重百分比)

细胞中常见的化学元素有 20 多种,其中 C、H、O、N、P、S、K、Ca、Mg 等元素的含量较多,称为大量元素;而 Fe、Mn、Zn、Cu、B、Si 等元素的含量很少,称为微量元素。C、O、N、H 四种元素含量占 90% 以上,其中在细胞干重中 C 的含量多达 48.4%。因此说,C 是组成细胞的基本元素。

二、组成细胞的化合物

细胞中的化学元素大多以化合物的形式存在。构成细胞的化合物,分为无机化合物和有机化合物两大类。无机化合物包括水和无机盐;有机化合物包括糖类、脂类、蛋白质和核酸等。这些化合物在细胞中的相对含量如图 8-3 所示。

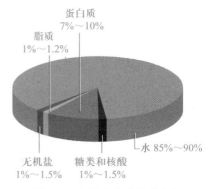

图 8-3 细胞中化合物的含量

1. 水

水在各种细胞鲜重中的含量高达 60%～95%,是细胞中含量最多的化合物。

小百科

生物体的水含量

不同种类的生物体中,水的含量差别较大。水生动植物体内水含量较多。例如,水母的身体里水的含量约为97%。同类生物,不同的组织、器官中,水的含量也不相同。例如,人肌肉中水的含量为72%～78%,骨骼中约为22%,牙齿中约为10%。生物体在不同的生长发育期,含水量也不一样。例如,新生儿含水量最多,约占体重的80%;婴幼儿次之,约占体重的70%。

水在细胞中以两种形式存在:自由水和结合水。细胞中4.5%的水与细胞内的其他物质相结合,称为结合水,是细胞结构的重要组成成分。而细胞中绝大部分的水以游离形式存在。这些水可以自由流动,称为自由水。生物体内生命活动的化学反应都只能在水环境中进行。离开了水,生物体的一切生命活动都不能进行。

2. 无机盐

无机盐在各种细胞鲜重中的含量仅为1%～1.5%。把生物体煅烧后剩下的白色灰烬,就是无机盐。无机盐主要以离子的形式存在于细胞中,含量较多的阳离子有Na^+、K^+、Ca^{2+}、Mg^{2+}、Fe^{2+}、Fe^{3+}等,阴离子有Cl^-、SO_4^{2-}、PO_4^{3-}、HCO_3^-等。无机盐的含量很少,它们在生物体内起到什么样的作用呢?

思考与讨论

讨论以下问题,分析无机盐在生物体内有什么作用。

1. 为什么人体缺铁会导致缺铁性贫血症?为什么植物的叶子老了会变黄?
2. 为什么人体缺少Ca^{2+}会出现抽搐现象?为什么剧烈运动后要适当补充盐水?

无机盐在细胞中具有重要作用。有些无机盐参与构成了细胞内某些复杂的化合物,例如铁是血红蛋白的重要组成部分,镁是叶绿素的重要组成部分。有些无机盐参与了生物体某些结构的组成,例如,钙和磷是人的牙齿、骨骼的组成部分。有些无机盐可以维持生命活动的正常进行,例如人体血液缺钙会引起抽搐。

3. 蛋白质

蛋白质在各种细胞鲜重中的含量为7%～10%,仅次于水;占细胞干重的50%以上。蛋白质的种类很多,但是每一种蛋白质都由C、H、O、N四种元素组成。

蛋白质的基本组成单位是氨基酸。氨基酸是含有氨基和羧基的一类有机化合物的统称,生物体的各种蛋白质都是由氨基酸所构成的。生物体中组成蛋白质的氨基酸种类约有20种。不同氨基酸分子的结构具有共同的特点:每种氨基酸分子都有1个氨基(—NH_2)和1个羧基(—COOH)连接在同一个碳原子上,同时,这个碳原子还分别连接1个氢原子(—H)和1个侧链基团(—R)。其结构通式如图8-4所示。从图中可知,氨基酸的种类随 R 基的变化而不同,也就是说,R 基决定了氨基酸的种类。

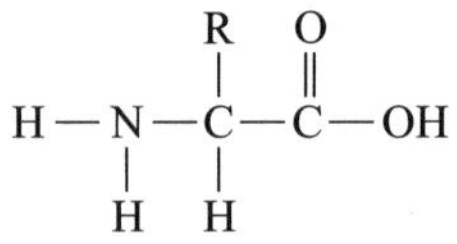

$$H-N-C-C-OH$$

图 8-4 氨基酸分子的结构通式

> ### 小百科
>
> #### 氨基酸的种类
>
> 　　组成蛋白质的氨基酸约有 20 种。赖氨酸、苏氨酸、亮氨酸、异亮氨酸、缬氨酸、蛋氨酸、色氨酸、苯丙氨酸 8 种氨基酸,人体不能自己制造,需要由食物提供,称为必需氨基酸。而人体能合成的精氨酸、组氨酸等不能满足自身的需要,还需要从食物中摄取一部分,被称为半必需氨基酸。其余的甘氨酸、酪氨酸、丙氨酸、胱氨酸、半胱氨酸、天门冬氨酸、脯氨酸、丝氨酸、谷氨酸、精氨酸 10 种氨基酸,人体能够自己制造,被称为非必需氨基酸。

　　蛋白质的种类多达 $10^{10} \sim 10^{12}$ 种,而作为蛋白质的基本组成单位的氨基酸,种类只有 20 多种。这 20 多种氨基酸是怎样组成种类如此繁多的蛋白质的呢?

　　氨基酸脱水缩合发生在两个氨基酸分子之间,生成的化学键叫做肽键。不同种类、不同数量的氨基酸分子通过脱水缩合的方式(图 8-5),按照一定的排列次序连接成多肽链。多肽链盘曲、折叠成不同的空间结构,就形成了蛋白质分子。由于细胞内的氨基酸种类不同,数目成百上千,氨基酸形成多肽链时,排列的次序千变万化,多肽链形成的空间结构多种多样。因此,蛋白质的分子结构是极其多样的,这决定了细胞中蛋白质种类的多样性。

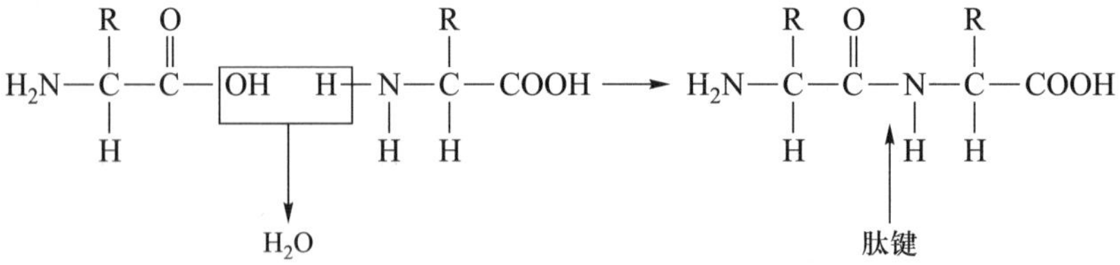

图 8-5 肽链的形成

　　蛋白质结构的多样性,使蛋白质具有多种重要的功能。很多蛋白质是构成细胞和生物体结构的重要物质。例如,人和动物的肌肉、毛发等,其主要成分是蛋白质;有些蛋白质具有运输载体的功能,如血红蛋白、细胞膜上的蛋白质;有些蛋白质能够调节机体的生命活动,如细胞内催化化学反应的酶,胰岛素、生长素等激素;还有些蛋白质具有免疫功能,如人体内抵御病菌和病毒的抗体。总之,蛋白质的功能多样,与生物体的生命活动息息相关。因此，有人说，蛋白质是一种生命物质，是一切生命活动的主要承担者。

分泌蛋白的
形成

> **小百科**
>
> **人工合成胰岛素**
>
> 　　从 1958 年开始，中科院上海生物化学研究所、中科院上海有机化学研究所和北京大学生物系三个单位联合组成一个协作组，在前人的基础上，开始探索用化学方法合成胰岛素。经过研究，他们确立了合成牛胰岛素的程序。
>
> 　　第一步，先把天然胰岛素拆成两条链，再把它们重新合成为胰岛素，并于 1959 年突破了这一难题。
>
> 　　第二步，在合成胰岛素的两条链后，用人工合成的 B 链同天然的 A 链相连接。这种牛胰岛素的半合成在 1964 年获得成功。
>
> 　　第三步，把经过考验的半合成的 A 链与 B 链相结合。
>
> 　　1965 年 9 月 17 日完成了结晶牛胰岛素的全合成。经过严格鉴定，它的结构、生物活力、物理化学性质、结晶形状都和天然的牛胰岛素完全一样。这是世界上第一个人工合成的蛋白质，为人类认识生命、揭开生命奥秘迈出了可喜的一大步。

4. 核酸

核酸存在于所有的生物体内，由 C、H、O、N、P 等元素组成。核酸包括两大类：脱氧核糖核酸（简称 DNA）和核糖核酸（简称 RNA）。脱氧核糖核酸主要存在于细胞核中，少量存在于线粒体和叶绿体内。核糖核酸主要存在于细胞质中。核酸是生物体遗传信息的载体分子，在生物的遗传和变异、蛋白质的生物合成方面具有极其重要的作用。

核酸和蛋白质一样，是细胞中的高分子物质，其基本组成单位是核苷酸。1 分子含氮碱基、1 分子五碳糖和 1 分子磷酸组成 1 个核苷酸，几百到几千个核苷酸互相连接成的长链就是核酸分子。

绝大多数生物的遗传物质是 DNA，而少数不含 DNA 的病毒（如烟草花叶病毒、流感病毒、SARS 病毒等）的遗传物质是 RNA。

5. 糖类

糖类在各种细胞鲜重中的含量一般低于 1%，由 C、H、O 三种元素组成。糖类存在于生物体内，是主要的能源物质，为生物体的生命活动提供能量。糖类可以分为单糖、双糖和多糖。

不能水解的糖称为单糖，包括核糖、脱氧核糖、葡萄糖、果糖和半乳糖等。

双糖由两分子单糖脱水缩合而成，可水解成单糖被细胞吸收。蔗糖、麦芽糖和乳糖等，都是生活中常见的双糖。

多糖是生物体内绝大多数糖类的存在形式，水解为葡萄糖后方可被细胞吸收。细胞中的多糖分为营养储备多糖和结构多糖。植物体内的营养储备多糖为淀粉；动物体内的营养储备多糖为糖原,例如贮存在肝的肝糖原,贮存在肌肉中的肌糖原等。真核细胞中的结构多糖主要是纤维素和几丁质。

6. 脂类

脂类在各种细胞鲜重中的含量一般低于 1%,主要由 C、H、O 三种元素组成。有些种类的脂类还含有 N、P 等元素。常见的脂类物质有脂肪、磷脂和固醇等,它们不溶于水,而易溶于有机溶剂。

脂肪是一种最常见的脂类物质,分布在动植物体内的脂肪细胞内,是一种良好的储能物质。例如,生活在南极的海豹,其胸部皮下脂肪厚达 60 mm。厚厚的脂肪不仅是储能物质,还具有缓冲外界的冲力和保温作用。

磷脂是构成细胞膜结构的重要成分,在肝、脑、卵和大豆种子中,含量丰富。磷脂能调节生物体内某些物质的新陈代谢。例如,卵磷脂被称为"血管清道夫",具有乳化、分解油脂的作用。

固醇类物质包括胆固醇、性激素和维生素 D。胆固醇是人体内不可缺少的一种物质,是制造细胞膜和合成胆汁酸的原料,参与血液中脂类物质的运输。胆固醇在体内可以转化成为类固醇激素和维生素 D。但是,如果胆固醇的含量长期偏高,则会引发心血管疾病。

综上所述,细胞中的每一种化合物都是由化学元素组成的。自然界里的物质也是由这些化学元素组成的。说明生物界和非生物界在物质构成方面具有统一性。

构成细胞的化合物具有各自的功能,是细胞进行各种生命活动的物质基础。蛋白质、核酸、糖类、脂类、水和无机盐按照一定的方式,形成整体,构建出细胞这一生命系统,并协同作用,共同完成细胞中进行的一切生命活动。

思考与练习

1. 科研人员在磐安发现一种新的被子植物"磐安樱"。"磐安樱"生命活动的基本结构和功能单位是(　　)。

A. 系统　　　　　　B. 器官　　　　　　C. 组织　　　　　　D. 细胞

2. 下列有关细胞的叙述,错误的是(　　)。

A. 所有生物体都是由细胞构成的

B. 细胞是生物体结构和功能的基本单位

C. 细胞是物质、能量和信息的统一体

D. 细胞通过分裂产生新细胞

3. 草履虫、酵母菌、衣藻都是仅有一个细胞的"袖珍"生物,能独立生活,这体现了(　　)。

A. 细胞是生命活动的基本单位

B. 它们都能自己制造有机物

C. 三者在分类上亲缘关系最近

D. 它们都具有相同的遗传信息

4. 细胞是生命活动的基本单位,其结构和功能高度统一。下列叙述不正确的是（　　）。

A. 卵细胞体积较大有利于和周围环境进行物质交换

B. 叶肉细胞中含有许多叶绿体,有利于进行光合作用

C. 红细胞没有细胞核,含有大量血红蛋白,有利于运输氧气

D. 神经元有许多突起,有利于接收刺激,产生并传导神经冲动

5. 某一多肽链共有肽键 109 个,则此分子中含有氨基和羧基的数目至少有（　　）。

A. 1 个,1 个　　　　　　　　　　B. 110 个,110 个

C. 109 个,109 个　　　　　　　　D. 无法判断

6. 下列有关细胞的说法中正确的是（　　）。

A. 细胞中的物质都是自己制造出来的

B. 细胞中的物质分为有机物和无机盐两大类

C. 细胞能够从周围环境中吸收营养而无限长大

D. 生物体由小长大,与细胞的生长和分裂分不开,生长使细胞体积增大,分裂使细胞数量增多

7. 生物细胞中含量最多的两种物质所共有的元素是（　　）。

A. C、H、O、N　　　B. C、H、O　　　C. H、O　　　　D. N、P

8. 人体内主要储能物质和主要能源物质分别是（　　）。

A. 糖原和葡萄糖　　　　　　　　B. 脂肪和糖类

C. 蛋白质和脂肪　　　　　　　　D. 蛋白质和糖类

9. 大雁体内储存能量和减少热量散失的物质是（　　）。

A. 糖原　　　　　B. 淀粉　　　　　C. 脂肪　　　　　D. 纤维

10. 下列物质中,兔子体内细胞不具有的是（　　）。

A. 果糖　　　　　B. 糖原　　　　　C. 核糖　　　　　D. 淀粉

11. 下列物质中都含有氮元素的是（　　）。

①核糖核酸　　②糖原　　③胰岛素　　④淀粉

A. ①②　　　　　B. ①③　　　　　C. ②③　　　　　D. ③④

12. 某种能溶于水的小分子物质,含有 C、H、O、N 四种元素,则这小分子物质是（　　）。

A. 蛋白质　　　　B. 脂肪　　　　　C. 核苷酸　　　　D. 氨基酸

13. 下列物质不属于脂类的是（　　）。

A. 脂肪酶　　　　B. 雄性激素　　　C. 胆固醇　　　　D. 维生素 D

第二节　细胞结构

随着显微镜技术的不断发展,尤其是电子显微镜技术的出现,人们已经能借助显微镜观察到细胞壁、细胞膜和细胞核,以及更加细微的亚显微结构。

小百科

人体细胞大小与寿命

人体中的最大细胞是成熟的卵细胞，直径在 0.1 mm 以上；最小的是血小板，直径只有约 2 μm。而 175 000 个精子细胞才抵得上一个卵细胞的质量。肠黏膜细胞的寿命为 3 天，肝细胞寿命为 500 天。而脑与骨髓里的神经细胞的寿命有几十年，同人体寿命几乎相等。血液中的白细胞，有的只能活几小时。在整个人体中，每分钟有 1 亿个细胞死亡。

根据细胞核有没有核膜，也就是有没有成形的细胞核，细胞可分为原核细胞和真核细胞。绝大多数的生物由真核细胞构成，称为真核生物。只有少数种类的生物由原核细胞构成，称为原核生物。动植物细胞属真核细胞。它最主要的特点是细胞内的膜结构把细胞区分成了多个功能区。比如细胞核、线粒体、内质网、高尔基体等。细胞内分区是细胞进化的特点，它使细胞的代谢效率大大超过原核细胞。下面以真核细胞为例，介绍细胞的亚显微结构和功能。

一、细胞壁

植物细胞的最外面是细胞壁。细胞壁由纤维素和果胶质组成，结构疏松，物质分子可以自由通过。细胞壁对细胞起保护和支持作用，能调节植物的蒸腾作用。动物细胞没有细胞壁。

思考与讨论

对比植物细胞和动物细胞的亚显微结构（图 8-6），找出两种细胞结构上的异同点。

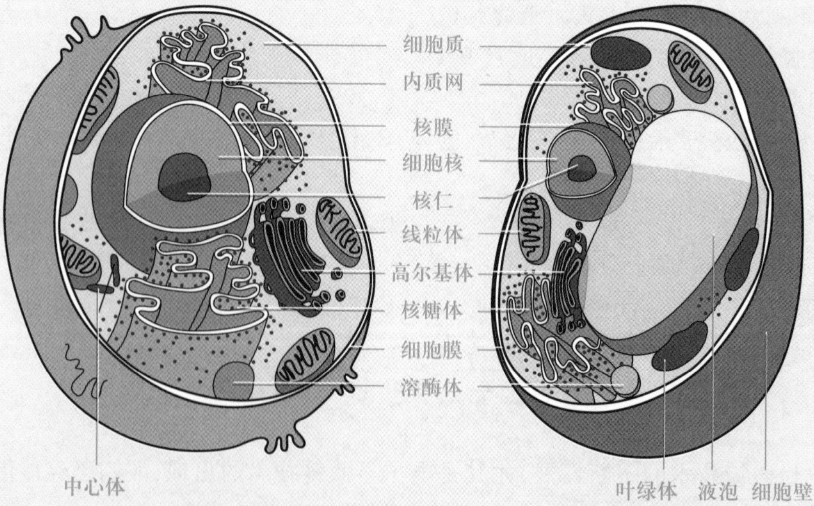

图 8-6 动物细胞和植物细胞的亚显微结构

二、细胞膜

紧贴植物细胞的细胞壁内的一层膜,称为细胞膜。细胞膜的主要成分是脂类、蛋白质和糖类,其中,脂类中的磷脂含量最丰富。由图 8-7 可知,磷脂双分子层构成了细胞膜的基本骨架,具有流动性;蛋白质以覆盖、镶嵌和贯穿的方式分布在磷脂双分子层中,在物质进出细胞时起作用。

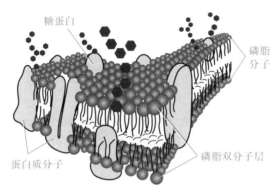

图 8-7 细胞膜的结构

细胞膜将细胞内部和外界环境分隔开,保证细胞内部的生命活动正常进行。同时,细胞膜是一种选择透过性膜,控制着物质进出细胞:水分子和小分子物质,可以通过细胞膜进出;大分子物质或病毒、细菌等则是通过细胞膜的凹陷胞吞的形式完成的。

主动运输

三、细胞质

细胞质是细胞膜与细胞核之间的物质,主要包括细胞质基质和细胞器。

细胞质基质是指细胞内除去细胞器和颗粒以外的胶状物质,里面含有多种可溶性酶、糖、核苷酸、无机盐和水等。细胞质基质是细胞新陈代谢的重要场所,也是各种细胞器存在的场所。

细胞器具有一定的形态结构,在细胞生命活动中起着重要作用。细胞器包括由膜结构构成的线粒体、叶绿体、内质网、高尔基体、溶酶体,还有非膜结构组成的核糖体微丝、微管、中心体等。其中,叶绿体和液泡是植物细胞所特有的细胞器。高等植物细胞内并不存在中心体。

线粒体(图 8-8)是由内、外两层膜构成的细胞器,外形呈椭球形。线粒体是细胞进行有氧呼吸的主要场所,能在氧气和酶的作用下将有机物分解,释放出的能量占细胞进行生命活动所消耗能量的 95%。因此,线粒体被称为细胞的"动力工厂"。

线粒体

叶绿体(图 8-9)由双层膜、基粒和基质构成。外形呈扁平的椭球形,内含叶绿素、叶黄素、胡萝卜素,还含有核酸和进行光合作用所需的酶等物质。叶绿体是绿色植物中的重要细胞器,是绿色植物进行光合作用的场所,为植物制造出糖类等营养物质。因此,叶绿体被称为植物体内的"养料制造车间"。

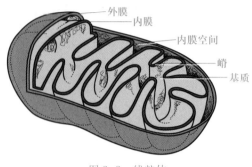

图 8-8　线粒体

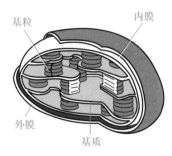

图 8-9　叶绿体

内质网(图 8-10)是由单层膜连接而成的网状结构。有些内质网表面附着核糖体,称为粗糙内质网,与蛋白质在细胞内的运输有关。有些内质网表面没有核糖体附着,称为光滑内质网,与脂类物质的合成及分泌有关。内质网膜与细胞膜和核膜相通连,是细胞内蛋白质、脂类物质合成和加工的场所。因此,内质网被称为"蛋白质和脂类物质制造车间"。

高尔基体(图 8-11)是由单层膜连接而成的网状囊泡。它对来自粗糙内质网的蛋白质进行加工、包装,并形成分泌泡和溶酶体。因此,高尔基体被称为"蛋白质的加工包装车间"及"蛋白质发送站"。

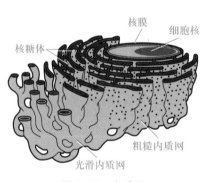

图 8-10　内质网

图 8-11　高尔基体

核糖体是椭球形粒状小体。核糖体的存在形式有两种:一种游离在细胞质基质中,另一种附着在内质网上。核糖体是合成蛋白质的重要场所,因此被称为"蛋白质装配机器"。

溶酶体是由单层膜构成的囊状小体或小泡。内含多种水解酶,能消化分解细胞本身代谢产物和细胞吞噬的外来异物。因此,溶酶体被称为"消化车间"。

液泡是由单层膜组成的泡状结构。内含糖类、无机盐、色素和蛋白质等物质,对细胞内的环境起着调节作用,并使细胞内部维持一定的渗透压,保持细胞的膨胀状态。

中心体(图 8-12)由两个互相垂直排列的中心粒及其周围的物质组成。每个中心粒是一个柱状体,由9组小管状的亚单位组成。每个亚单位一般由3个微管构成。这些管的排列方向与柱状体的纵轴平行。中心体位于细胞核附近的细胞质中,与细胞的分裂有关。

四、细胞核

细胞核(图8-13)是真核细胞中近似球体的一个结构。细胞核由核膜、核液、染色质和核仁构成。核膜由双层膜构成。膜上的核孔是细胞质与细胞核之间的通道,使细胞质和细胞核之间可以进行物质交换和信息交流。

图8-12　中心体

图8-13　细胞核的结构

细胞核中有一种物质,易被甲基绿等碱性染料染成深色,称为染色质。染色质由DNA和蛋白质组成,在细胞分裂间期呈细丝状。当细胞进入分裂期时,这种物质通过高度螺旋化,缩短变粗,形成染色体。可见,染色质和染色体是同一种物质在细胞不同时期的两种形态。

染色质上的DNA是遗传信息的载体,控制着细胞内的生化合成和细胞代谢,决定细胞或机体的性状表现,并通过DNA复制,把遗传物质稳定地传给下一代。因此,细胞核是遗传信息库,是细胞代谢和遗传的控制中心。

原核细胞与真核细胞最主要的区别在于原核细胞没有真正的细胞核,只有一个没有核膜包被的核区,其中分布着环状的DNA分子。原核细胞除了核糖体外,没有明显的细胞器分化。

不管是原核细胞还是真核细胞,都是由一些微小的结构组成的。这些结构有机组合成一个统一的整体。各部分结构分工合作,协调作用,使细胞正常完成各项生命活动。

思考与练习

1. 荔枝、龙眼等水果味道甜美、果汁丰富。这些果汁主要来自细胞的(　　　)。
A. 细胞核　　　　　B. 液泡　　　　　C. 细胞质　　　　　D. 细胞膜
2. "麻湾西瓜"以瓤沙、味甜、水多、营养丰富而闻名,是夏季消暑佳品。甜味物质主要存在于西瓜细胞的( )。

    A. 叶绿体   B. 液泡   C. 细胞膜   D. 细胞核

3. 到了秋天,山上许多的植物会由绿转黄,原因之一是叶片的细胞中存在花青素。你认为花青素是存在于叶片细胞的( )

    A. 叶绿体   B. 线粒体   C. 细胞核   D. 液泡

4. 下列有关细胞的叙述中,错误的是( )。

    A. 不同细胞的形状大小有所不同,基本结构却相同

    B. 细胞壁和细胞膜都能够控制细胞内外物质的进出

    C. 动物细胞没有细胞壁、液泡和叶绿体,但有线粒体

    D. 生物的遗传物质主要存在于细胞核中的染色体上

5. 植物的根既能吸收土壤中的氮、磷、钾等营养物质,又能将其他不需要的物质挡在外面,这主要是由于( )。

    A. 细胞壁具有保护细胞的功能

    B. 细胞膜具有保护细胞的功能

    C. 液泡与吸水和失水有关

    D. 细胞膜具有控制物质进出的功能

6. 细胞既能够有选择地从外界环境吸收生活必需物质,又能够将其产生的废物排到外界环境中,从而保证细胞进行正常的生活,这主要是由于( )。

    A. 细胞壁具有支持和保护作用

    B. 细胞膜具有控制物质进出细胞的功能

    C. 细胞质能完成细胞的许多生命活动

    D. 细胞核对细胞的生命活动起着控制的作用

7. 下列关于细胞知识的说法中,正确的是( )。

    A. 细胞的控制中心是细胞核

    B. 动植物细胞中的能量转换器都是叶绿体和线粒体

    C. 细胞中的物质都是自己制造的

    D. 所有的物质都能通过细胞膜

8. 小麦种子内储存的化学能来自太阳能,刚刚收获的小麦种子堆积贮存久了会发热,小麦种子中完成这两种能量转化的结构分别是( )。

    A. 细胞核 液泡   B. 叶绿体 线粒体

    C. 细胞质 线粒体   D. 叶绿体 细胞膜

9. 医生给危重病人吸氧,点滴葡萄糖,归根到底是让病人获得生命活动所需要的能量,这一能量转换作用是在病人细胞中的( )完成的。

    A. 细胞核   B. 叶绿体   C. 染色体   D. 线粒体

第三节　细胞分裂

    生物体的生长是通过组成生物体的细胞体积的增大和细胞数量的增多实现的。而

细胞数量的增多,则是通过细胞分裂进行的。细胞分裂的方式有三种:无丝分裂、有丝分裂和减数分裂。

一、无丝分裂

无丝分裂是少数动物体内部分细胞的分裂方式,也是最早发现的一种细胞分裂方式。无丝分裂的过程较简单,一般是细胞核先延长,核膜在细胞核的中部向内凹进,缢裂形成两个细胞核。然后,整个细胞从中部向内凹进,缢裂形成两个子细胞。在整个分裂过程中,细胞内没有出现丝状体,因此又叫做无丝分裂,如蛙红细胞的分裂方式(图8-14)。

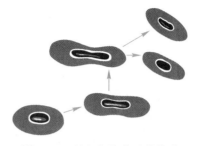

细胞无丝分裂

图8-14 蛙红细胞的无丝分裂

二、有丝分裂

有丝分裂是大多数生物体细胞的分裂方式,也是细胞分裂的主要方式。

细胞的有丝分裂过程具有周期性。也就是说,连续分裂的细胞,从一次分裂完成时开始,到下一次分裂完成时为止,为一个细胞周期(图8-15)。一个细胞周期分为两个阶段:细胞分裂间期和细胞分裂期。

细胞在一次分裂结束后到下一次分裂开始前为止,是细胞分裂间期,占了细胞周期的90%～95%。动植物的细胞周期通常为20h左右,其中分裂期只有1～2h。在细胞分裂间期,细胞表面看起来似乎是静止的,实际上细胞内部正在进行DNA分子的复制和相关蛋白质的合成。经过复制,每条染色质都带有两个一模一样的姐妹染色单体,为细胞进入分裂期做好物质准备。

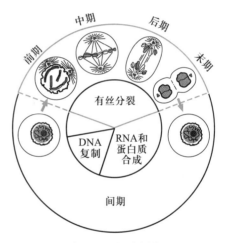

图8-15 细胞周期

细胞分裂间期结束后,就进入细胞分裂期。细胞分裂期是一个连续变化的过程,为了方便研究,人为地分为四个时期:分裂期前期、分裂期中期、分裂期后期、分裂期末期。下面以高等植物细胞为例,讲述细胞分裂的过程。

细胞进入分裂期后,细胞核发生了明显的变化(图8-16)。

在细胞分裂期前期,经过复制的染色质高度螺旋缠绕,缩短变粗,成为染色体。每条染色体是由两条并列的姐妹染色单体附着在同一个着丝点上构成的。细胞核的核仁、核膜逐渐解体消失。细胞的两极向中央发出纺锤丝,形成纺锤体,染色体杂乱无章地排列在纺锤丝的中央。

在中期,纺锤丝附着在着丝点的两侧,牵引染色体运动,使每一条染色体的着丝点

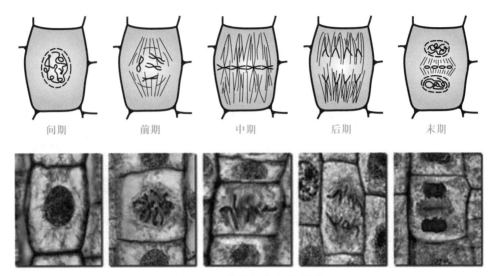

|间期|前期|中期|后期|末期|

图 8-16　植物细胞有丝分裂

都排列在细胞中央的一个平面上。因为这个平面位于细胞中央,垂直于纺锤体的中轴,类似地球赤道的位置,所以称为赤道板。与细胞分裂期其他时期的染色体相比较,中期染色体的形态比较稳定,数目比较清晰,易于观察。

在后期,每条染色体上的着丝点一分为二,姐妹染色单体随之分开,形成一模一样的两条染色体,在纺锤丝的牵引下各自向细胞两极运动。此时,细胞内的染色体数目增加 1 倍,并平均分配到细胞的两极,使细胞两极各有一套染色体。两套染色体的形态和数目相同,每套染色体与亲代细胞的形态数目也相同。

在末期,染色体逐渐变成细长的染色质。纺锤丝逐渐消失,新的核仁、核膜逐渐出现。核膜把染色体和核仁包围起来,形成两个新的细胞核。此时,在赤道板的位置出现细胞板,并由中央向四周扩展,逐渐形成新的细胞壁。一个亲代细胞分裂成为两个子细胞,子细胞中染色体的形态和数目与亲代细胞的完全相同。

细胞有丝分裂

小百科

染色体数目与生物种类

　　每一种生物的染色体数都是恒定的。多数高等动植物是二倍体,即每一体细胞中有两组同样的染色体(有时,性染色体可以不成对)。亲本的每一配子带有一组染色体,叫做单倍体,用 n 来表示。两个配子结合后,具有两组染色体,叫做二倍体,用 $2n$ 表示。例如玉米的二倍体染色体数是 $20(2n=20)$,即有 10 对染色体。人的染色体数是 $46(2n=46)$,即有 23 对染色体。但多数微生物的营养体是单倍体,例如链孢霉的单倍体染色体数是 7。

动物细胞有丝分裂的过程(图8-17)与植物细胞有两点不同。

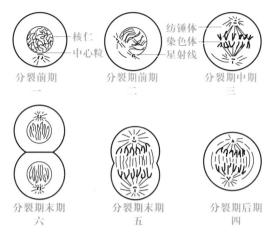

图 8-17　动物细胞的分裂

第一,植物细胞纺锤体是由细胞两极发出的纺锤丝形成的,而动物细胞纺锤体的形成则与中心体有关。在动物细胞分裂间期,一组中心粒倍增为两组,其中一组中心粒的位置不变,另一组中心粒移到细胞的另一极。两组中心粒的周围发出无数条放射状的星射线,而两组中心粒之间的星射线形成了纺锤体。

第二,植物细胞在分裂末期形成细胞板,而动物细胞到了分裂末期并不形成细胞板,而是细胞膜从细胞中央向内凹进,把细胞质缢裂成两个部分,每一个部分都含有一个细胞核。这样,一个亲代细胞分裂成两个子细胞。

综上所述,细胞有丝分裂的重要意义在于亲代细胞的染色体经过复制后,平均分配到两个子细胞中。由于染色体是遗传物质的载体,因而在细胞的亲代和子代之间保持了遗传性状的稳定性。可见,细胞的有丝分裂对于生物的遗传有重要意义。

动植物细胞
有丝分裂过
程的区别

三、减数分裂

减数分裂是进行有性生殖的生物体形成生殖细胞时的一种特殊有丝分裂方式。减数分裂是指在细胞分裂的整个过程中,染色体只复制一次,而细胞连续分裂两次的分裂方式。下面以哺乳动物体内精子和卵细胞的形成过程为例,讲述减数分裂的过程。

人和哺乳动物的精子是在睾丸中形成的。睾丸里的曲细精管,能产生大量的原始生殖细胞——精原细胞。每一个精原细胞的染色体数目与体细胞的相同。当雄性动物进入繁殖期后,一部分精原细胞开始进行减数分裂。历经精原细胞、初级精母细胞、次级精母细胞和精细胞等几个时期,经过两次连续的分裂,即减数第一次分裂、减数第二次分裂,最终变形,形成成熟的雄性生殖细胞——精子(图8-18)。

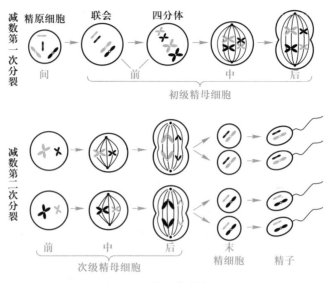

图 8-18　精子的形成过程

精原细胞进入减数第一次分裂前的间期,体积增大,形成初级精母细胞。初级精母细胞的染色体进行复制,复制后的每条染色体都带有两个姐妹染色单体,它们散乱地排列在细胞中。

初级精母细胞进入减数分裂的第一次分裂期,原来排列散乱的染色体进行两两配对。配对的染色体一条来自父方,另一条来自母方,形状和大小一般都相同,这对染色体称为同源染色体。同源染色体进行两两配对的现象称为联会。由于每条染色体都带有两条姐妹染色单体,每对发生联会的同源染色体上含有四条染色单体,称为四分体。四分体中的非姐妹染色单体之间常常发生交叉互换染色体片段的现象。

然后,四分体排列在细胞的赤道板上,每条染色体的着丝点都与纺锤丝相连。在纺锤丝的牵引下,组成四分体的同源染色体彼此分开,分别向细胞两极移动。移动的结果是细胞每一极只得到各对同源染色体中的一条。当两组染色体到达细胞两极时,细胞一分为二,一个初级精母细胞形成两个次级精母细胞。

在这个减数分裂的第一次分裂过程中,同源染色体彼此分开,并各自进入两个次级精母细胞中,结果每个次级精母细胞只得到初级精母细胞中染色体数目的一半。因此,在整个减数分裂过程中,染色体数目减少一半,发生在减数分裂的第一次分裂期。

完成减数分裂的第一次分裂,随后进入减数分裂的第二次分裂期,染色体不再复制。减数分裂的第二次分裂过程中,细胞内的变化与一般有丝分裂基本相同。次级精母细胞中染色体的着丝点一分为二,两条姐妹染色单体分离而成为两条染色体。这两条染色体在纺锤丝的牵引下,分别向细胞两极运动,并随着细胞的分裂而进入两个子细胞中。这些子细胞就是精细胞。这样,在减数分裂的第一次分裂后形成的两个次级精母细胞,经过减数分裂的第二次分裂后,形成了四个精细胞。由于在减数分裂的第一次分裂后,染色体的数目减少了一半,因此,每个精细胞中含有数目减半的染色体。最后,精细胞经过复杂的变形,形成蝌蚪状的精子。

　　人和哺乳动物的卵细胞是在卵巢中形成的,形成过程与精子基本相同(图8-19)。卵原细胞体积增大,形成初级卵母细胞。初级卵母细胞进入减数分裂的第一次分裂,首先染色体进行复制,同源染色体联会,形成四分体。接着,在纺锤丝的作用下,同源染色体彼此分离,并移向细胞两极。细胞一分为二,形成一大一小两个细胞,大的细胞是次级卵母细胞,小的细胞是极体。次级卵母细胞和极体中的染色体数目都减少了一半。在减数分裂的第二次分裂后,次级卵母细胞分裂,形成一个卵细胞和一个极体,而在第一次分裂后形成的极体则分裂成两个极体。结果,一个卵原细胞经过减数分裂后,形成了染色体数目减半的三个极体和一个卵细胞。最终,三个极体都退化消失。因此,一个卵原细胞经过减数分裂后,只能形成一个卵细胞。

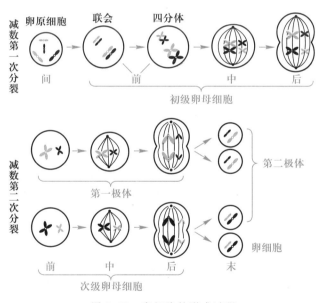

图8-19　卵细胞的形成过程

　　从精子和卵细胞的形成过程可知,原始的生殖细胞经过减数分裂后,形成的生殖细胞中染色体数目比原来的减少了一半。例如,人的精原细胞和卵原细胞中各具有46条染色体,而精子和卵细胞中各含有23条染色体。这对于物种的稳定遗传有着重大意义。

　　综上所述,我们可以用一个简图来概述减数分裂的整个过程(图8-20)。

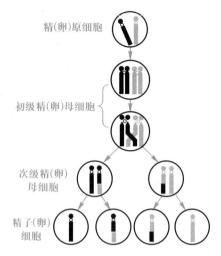

图 8-20　细胞的减数分裂过程

实践活动

模拟细胞分裂

活动目的

通过模拟有丝分裂和减数分裂的过程与结果,清晰知道染色体在细胞分裂过程中的行为、数目和形态变化,加深理解细胞分裂在生物遗传和变异、生物进化中的重大意义。

活动准备

1. 学生自由组合,4 人一组进行活动。

2. 每小组设计好活动方案,准备好所需的材料。包括制作染色体的材料(注意用不同的颜色区别来自父方和母方的染色体,并且来自父方的染色体颜色一致,来自母方的染色体颜色一致),画有细胞轮廓和纺锤体的白纸。如果是模拟植物细胞,还应画上中心体。

活动过程

1. 模拟细胞有丝分裂过程,观察细胞有丝分裂过程中染色体的行为,细胞进行有丝分裂的结果。

2. 模拟细胞减数分裂过程,重点模拟染色体联会、同源染色体分离而非同源染色体自由组合、染色体分成两组分别进入两个细胞的过程。

讨论

1. 为什么生物体细胞可以把遗传物质稳定地遗传给子代?

2. 为什么生殖细胞具有多样性? 为什么生物体的遗传具有稳定性? 为什么子代和亲代之间存在差异?

3. 对比有丝分裂与减数分裂的过程中染色体的行为有什么不同。这种不同对于生物体的遗传有什么意义？

4. 结合模型，准确表述细胞有丝分裂和减数分裂的过程与结果。

四、受精作用

受精作用是指精子和卵细胞相互识别，结合成为受精卵的过程。在受精作用过程中，每个卵细胞只能和一个精子结合。精子的头部进入卵细胞内，而尾部则留在卵细胞表面。这时，卵细胞被激活，在表面形成了特殊结构，以阻止其他精子进入卵细胞。精子的头部进入卵细胞以后，它们的细胞核互相融合，染色体会合在一起，受精卵染色体的数目恢复到体细胞中染色体的数目。其中，一半染色体来自精子（父方），另一半染色体来自卵细胞（母方）。由于染色体来源于亲代，新个体继承了亲代的遗传物质，这为物种的稳定遗传提供了保证。生殖细胞是经过减数分裂形成的。在减数分裂的第一次分裂过程中，在同源染色体分离的同时，非同源染色体之间自由组合，被随机分配到两个生殖细胞中，使生殖细胞因所含染色体的不同而具有遗传物质的多样性，并且在受精过程中，精子和卵细胞的结合也是随机的。所以，相同亲代产生的子代具有多样性的特点。这就为自然界物种的多样性提供了保证，也有利于生物的进化。总之，减数分裂和受精作用是生物遗传与变异的结构基础。

思考与练习

1. 某细胞内有 7 对同源染色体，在进行有丝分裂的中期，细胞内染色体为（   ）。
A. 7　　　　　　B. 14　　　　　　C. 28　　　　　　D. 56

2. 某细胞减数第二次分裂后期有 24 条染色体，推测本物种染色体数（   ）。
A. 12　　　　　　B. 24　　　　　　C. 36　　　　　　D. 48

3. 含有 20 条染色体的玉米，其生长细胞连续四次分裂后，所产生细胞染色体数是（   ）。
A. 5　　　　　　B. 20　　　　　　C. 80　　　　　　D. 10

4. 下列细胞中含有同源染色体的是（   ）。
A. 精细胞　　　　B. 卵细胞　　　　C. 初级精母细胞　　D. 次级精母细胞

5. 某细胞中染色体数是 $2c$，间期染色体复制后，染色体数和 DNA 数依次是（   ）。
A. $2c$ 和 $4c$　　B. $2c$ 和 $2c$　　C. $2c$ 和 c　　D. $2c$ 和 $8c$

6. 人的精子中有 23 条染色体，则人的神经细胞、初级精母细胞、卵细胞中分别有染色体（   ）条。
A. 46、23、23　　B. 46、46、23　　C. 0、46、0　　　D. 0、46、23

7. 细胞有丝分裂过程中，染色单体形成和分离分别发生在（   ）。
A. 间期和前期　　　　　　　　B. 间期和后期
C. 间期和中期　　　　　　　　D. 间期和末期

8. 在细胞有丝分裂过程中,不存在染色单体的时期是(   )。

A. 间期、前期   B. 前期、中期   C. 后期、末期   D. 中期、后期

9. 下列哪项不是细胞有丝分裂分裂前期的特点(   )。

A. 细胞核内出现染色体

B. 细胞中央出现纵向排列的纺锤体

C. 核膜解体,核仁消失

D. 每个染色体的着丝点排列在细胞的中央

10. 减数第一次分裂的特点是(   )。

A. 同源染色体分离,着丝点分裂

B. 同源染色体分离,着丝点不分裂

C. 同源染色体不分离,着丝点分裂

D. 同源染色体不分离,着丝点不分裂

11. 关于同源染色体的叙述,确切的是(   )。

A. 由一条染色体复制成的两条染色体

B. 一条来自父方,一条来自母方的染色体

C. 形状大小完全相同的染色体

D. 在减数分裂过程中能联会的染色体

12. 细胞内没有同源染色体的是(   )。

A. 体细胞   B. 精原细胞

C. 初级精母细胞   D. 次级精母细胞

13. 在有丝分裂过程中不发生,而发生在减数分裂过程中的是(   )。

A. 染色体复制   B. 同源染色体分开

C. 染色单体分开   D. 细胞质分裂

14. 减数第二次分裂的主要特征是(   )。

A. 染色体自我复制

B. 着丝点不分裂,同源染色体分开

C. 着丝点分裂为二,两个染色单体分开

D. 染色体恢复成染色质细丝

15. 下列哪项被称为"活细胞进行新陈代谢的主要场所"。(   )

A. 细胞核   B. 细胞膜   C. 线粒体   D. 细胞质基质

16. 某植物体内钾的浓度远高于土壤溶液中钾的浓度,但仍能从土壤中吸收较多的钾。细胞中具有控制物质进出的结构是(   )。

A. 细胞壁   B. 细胞膜   C. 细胞核   D. 细胞质

17. 下列细胞结构中,能控制二氧化碳等物质进出细胞的是(   )。

A. 细胞壁   B. 细胞膜   C. 细胞核   D. 线粒体

18. 染色体的主要组成成分是(   )。

A. 蛋白质   B. 蛋白质和 DNA

C. RNA   D. 蛋白质和 RNA

小朋友的问题

为什么兔子妈妈的宝宝是小兔子,猫咪妈妈的宝宝是小猫咪呢?

这是生物的遗传决定的。亲代原始生殖细胞中的染色体经过减数分裂,数目减半而形成生殖细胞。因此,当精子和卵子结合形成受精卵后,染色体的数目恢复为与亲代相同,其中一半来自父亲,另一半来自母亲。这些染色体各自具有父母的遗传信息,决定了子代的身体形态和生理特征。也就是说,小兔子和小猫咪都携带着父母亲的遗传信息,这些遗传信息决定了它们的形态和特征。因此,兔子妈妈的宝宝是小兔子,猫咪妈妈的宝宝是小猫咪。

为什么双胞胎有的长得一样,有的却不一样?

双胞胎有两种:单卵双胞胎和双卵双胞胎。单卵双胞胎是母亲在一个排卵周期排出一个卵细胞,与精子结合形成受精卵。这个受精卵在一定的条件下,一分为二形成两个基因相同的受精卵,各自发育成胎儿。由于基因相同,因此出生后的双胞胎性别相同,容貌、体型等特征相似。双卵双胞胎是母亲在一个排卵周期内排出两个卵细胞,分别与两个精子结合形成两个受精卵,以后发育成两个胎儿。因为这两个胎儿是由两个卵细胞受精形成的,遗传基因不同,所以他们的性别可能相同,也可能不同,体貌特征等与一般的兄弟姐妹相似。

第九章 遗传学基础

本章学习提示

本章从分子水平来认识遗传和变异,也就是了解 DNA 的结构、基因的本质;了解遗传的基本规律,以及生物性别决定的常见方式。

本章学习目标

通过本章的学习,将实现以下学习目标:

★ 了解 DNA 分子的双螺旋结构、DNA 的复制过程和基因的本质。

★ 了解遗传的基本规律。

★ 了解生物的变异和优生的基础知识。

第一节 遗传的物质基础

思考与讨论

染色体、DNA 和基因都是遗传物质,它们三者之间的关系如何? 你认为作为遗传物质应该具有怎样的特点? 在生物的遗传过程中,它们是怎样发挥作用的?

一、DNA 是主要遗传物质的证据

前一章告诉我们,细胞核中的染色体在生物遗传中起重要作用。科学家通过对染色体的化学分析得知,染色体主要是由蛋白质和 DNA 组成的。

在蛋白质和 DNA 这两种物质中,哪一种是遗传物质呢? 1944 年,科学家艾弗里及其同事通过细菌转化实验,第一次证明了生物的遗传物质是 DNA,而不是蛋白质(在不含 DNA 的病毒中,RNA 是遗传物质)。后来,人们又用化学定量分析方法测出,细胞中的 DNA 大部分存在于细胞核的染色体上。例如,衣藻细胞中 84% 的 DNA 存在于细胞

核的染色体上,其余的 DNA 则在叶绿体和线粒体等结构中。科学家还进一步测出,一条染色体中只含一个 DNA 分子(图 9-1)。

肺炎链球菌实验包括四个步骤:① S 型肺炎链球菌注射入小白鼠体内,导致小白鼠死亡;② R 型肺炎链球菌注射入小白鼠体内,不会导致小白鼠死亡;③ 加热杀死的 S 型肺炎链球菌注射入小白鼠体内,不会导致小白鼠死亡;④ 加热杀死的 S 型肺炎链球菌和活的 R 型肺炎链球菌混合注射入小白鼠体内,导致小白鼠死亡。在第三步和第四步实验中,"加热杀死"仅仅是使 S 型球菌蛋白质外壳及其细胞器变性而失去感染能力,由于蛋白质变性温度低于 DNA 变性温度,故加热温度远远没有达到使 DNA 发生不可逆变性的温度,所以,DNA 完全没有受到损害。加入 R 型肺炎链球菌后,S 型肺炎链球菌 DNA 借助 R 型肺炎链球菌细胞合成蛋白质,从而又具有了感染能力。

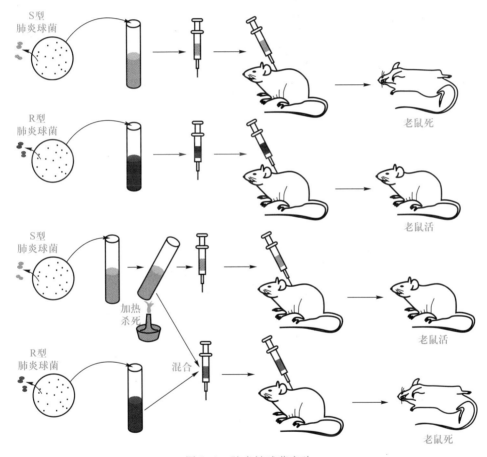

图 9-1 肺炎链球菌实验

二、DNA 分子的结构

1953 年,沃森和克拉克使用 X 射线衍射技术和复杂的计算,摸清了 DNA 的分子结构,提出了双螺旋结构模型。如图 9-2 所示。

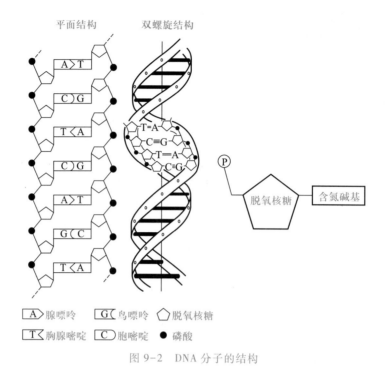

图 9-2 DNA 分子的结构

图 9-2 表明,组成 DNA 分子的基本单位是脱氧核苷酸,由一分子磷酸、一分子脱氧核糖和一分子含氮碱基构成。含氮碱基有 4 种,分别是 A(腺嘌呤)、G(鸟嘌呤)、T(胸腺嘧啶)和 C(胞嘧啶)。由脱氧核苷酸构成的 DNA 分子具有规则的双螺旋结构。其特点如下。

(1) DNA 分子是由两条平行的脱氧核苷酸链构成的梯状结构。

(2) DNA 分子中的脱氧核糖和磷酸交替连接,排列在外侧,构成梯的两臂。

(3) 梯状结构的横档由碱基对构成。碱基配对的规律是:A(腺嘌呤)与 T(胸腺嘧啶)配对,G(鸟嘌呤)与 C(胞嘧啶)配对。这也叫做碱基互补配对原则。

(4) 梯状结构规则地盘旋成双螺旋结构。

从 DNA 分子结构中可以看出,两条长链上的脱氧核糖和磷酸交互排列,稳定不变。而与长链相联系的碱基对的排列顺序是千变万化的。组成 DNA 分子的碱基虽然只有4 种,但由于碱基对排列顺序的不同,就构成了 DNA 分子的多样性。这也从分子水平说明了生物体的多样性和个体之间存在差异的原因。

三、DNA 分子的复制

生物的遗传与 DNA 分子的复制(图 9-3)有关。体细胞中的 DNA 分子复制是在有丝分裂的间期(减数分裂则在第一次分裂开始前的间期)完成的。复制开始时,DNA 分子首先利用细胞提供的能量。在解旋酶的作用下,互补配对的碱基之间的氢键断裂,两条螺旋的双链从一端向另一端解开,这个过程叫做解旋。然后,以解开的每一段母链为模板,以细胞中游离的各种脱氧核苷酸为原料,按照碱基互补配对原则,在聚合酶的作用下,各自与母链互补合成一段子链,并且,随着不断地解旋,新合成的子链也不断地延长。同时,新形成的两条链各自盘绕成双螺旋结构,从而各自形成一个新的 DNA 分子。这样,复制结束后,一个 DNA 分子就形成了两个完全相同的 DNA 分子。由于新合成的每个 DNA 分子中都保留了原来 DNA 分子中的一条链,因此,这种复制方式叫做半保留复制。

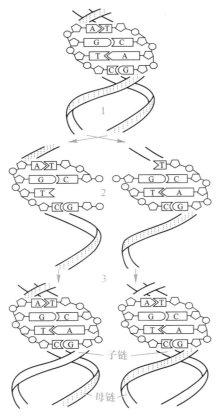

1. 解旋;2. 以母链为模板进行碱基配对;3. 形成两个新的 DNA 分子。

图 9-3　DNA 分子的复制

DNA 分子通过复制,使遗传信息从亲代传给子代,从而保持了遗传信息的连续性。

四、基因的本质

人们对基因的认识是不断发展的。研究人员发现拟南芥植株体内的一个 DNA 片段基因能使其根部吸收和保持水分的能力更强。他们将这个 DNA 片段植入普通西红柿植株内,结果发现这株西红柿根部变得更强壮,能帮助西红柿更好地抵抗干旱。由此可见,基因是具有遗传效应的 DNA 分子片段,是决定生物基本性状的基本单位,是 DNA 分子上特定的脱氧核苷酸序列。每个 DNA 上有很多个基因,每个基因的长短不同,也就是说其碱基对的数量有所不同。

　　DNA 携带了大量的遗传信息,一个 DNA 分子的基本结构没有变化,但 4 种碱基的排列顺序却是可变的。因此,遗传信息蕴藏在 4 种碱基的排列顺序之中。由于一个 DNA 分子内部包含成千上万个碱基对,并且碱基对的排列顺序千变万化,这就构成了 DNA 分子的多样性。而碱基对的特定排列顺序,又构成了每一个 DNA 分子的特异性。DNA 分子的多样性和特异性是生物体多样性与特异性的物质基础。

五、基因的表达

　　基因作为遗传物质,不仅能够储存和传递遗传信息,还可以使遗传信息在生物性状中表现。性状的形成离不开蛋白质的作用,基因通过指导蛋白质的合成来控制性状,这一过程称为基因的表达。

　　DNA 主要存在于细胞核中,而蛋白质的合成在细胞质中进行。DNA 这样的生物大分子是不可随意穿越核膜进入细胞质的。细胞核内的遗传密码又是如何被带入到细胞质中的呢? 在蛋白质的合成中,RNA 起着很重要的作用。

1. RNA 的组成和作用

　　RNA 是核糖核酸的缩写,它与脱氧核糖核酸(DNA)的主要区别在于 RNA 大多是单链分子;RNA 含核糖而不是脱氧核糖;RNA 4 种碱基中,不含胸腺嘧啶(T),而是由尿嘧啶(U)代替了胸腺嘧啶(T)。

　　细胞中主要有 3 种 RNA,即信使 RNA(mRNA)、核糖体 RNA(rRNA)和转运 RNA(tRNA),如图 9-4 所示。

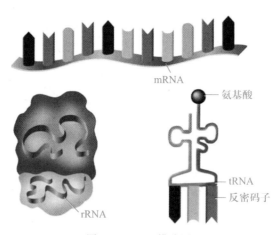

图 9-4　RNA 模式图

　　蛋白质的合成过程包括两个阶段——"转录"和"翻译"。

2. 遗传信息的转录

　　DNA 双链首先解开,以其中一条链为模板,按照碱基互补原则,在 RNA 聚合酶的作用下合成 mRNA,这个过程叫转录。如图 9-5 所示。转录发生在细胞核中,转录后的 mRNA 携带 DNA 的遗传信息从细胞核进入细胞质中,作为蛋白质合成的模板。

　　mRNA 与细胞质中的核糖体结合在一起。核糖体是由 rRNA 和蛋白质共同构成的

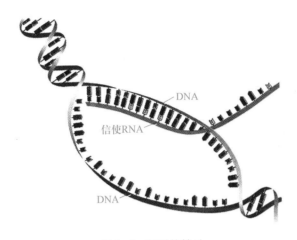

DNA

信使RNA

DNA

图 9-5　基因的转录

复合体。在核糖体上具有附着 mRNA 的位置,细胞里的蛋白质都是在核糖体上合成的,因此可以说,核糖体是细胞中合成蛋白质的"车间"。

3. 遗传信息的翻译

mRNA 与核糖体结合后,游离在细胞质中的各种氨基酸,就以 mRNA 为模板合成具有一定氨基酸顺序的蛋白质,这一过程叫做翻译。如图 9-6 所示。

核酸中的碱基序列就是遗传信息。翻译实质上是将 mRNA 中的碱基序列转化为蛋白质的氨基酸序列。那么,mRNA 是如何翻译成蛋白质的? 这需要明确 mRNA 的碱基与氨基酸之间的对应关系是怎样的。DNA 和 RNA 都只含有 4 种碱基,而组成生物体蛋白质的氨基酸有 20 种。这 4 种碱基是怎么决定蛋白质的 20 种氨基酸的呢? 科学家通过一步步的推测与实验,最终破解了遗传密码,得知 mRNA 上 3 个相邻的碱基决定 1 个氨基酸。每 3 个这样的碱基称作 1 个密码子,科学家将 64 个遗传密码子编制成下面的密码子表,如表 9-1 所示。

要把 mRNA 翻译成蛋白质,还需要一个"译员",它必须认识 mRNA 上的文字——遗传密码,以及蛋白质的文字——氨基酸。这个"译员"就是转运 RNA(tRNA)。tRNA 是含有 80 个左右核苷酸的小分子,局部称为双链,一端的环上具有由 3 个核苷酸组成的反密码子。tRNA 的反密码子在蛋白质合成时与 mRNA 上的密码子互补结合。另一端能够携带特定的氨基酸。tRNA 起识别密码子和携带相应氨基酸的作用。

翻译开始时,在核糖体的作用下,mRNA 的起始密码部位(如 AUG)和一个带有相应反密码子(UAC)的特定 tRNA 相结合,这个 tRNA 的另一端携带着甲硫氨酸。核糖体上有 2 个 tRNA 附着的位置,分别称作 A 位和 P 位。

以后,每一个氨基酸严格按照 mRNA 上的密码子被逐个合成到肽链上。直到 mRNA 上出现终止密码子,一种蛋白酶便与终止密码子结合。合成完毕的多肽链从核糖体上释放出来,再折叠组装成有功能的蛋白质,承担生命活动的各项职责。

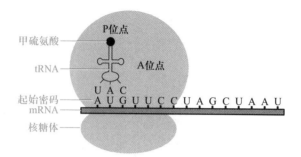

（1）起始：mRNA的起始密码部位（AUG）和一个带有相应反密码子（UAC）的特定tRNA相结合。tRNA占据P位点，空着的A位点准备接受下一个密码子（UUC）对应的tRNA。

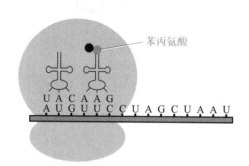

（2）进位：按照mRNA上密码子顺序（UUC），携带苯丙氨酸的tRNA进入A位点，tRNA上的反密码子与相应的密码子以氢键结合。接着，P位点与A位点tRNA上的氨基酸形成二肽。

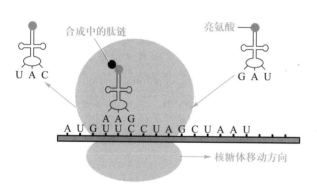

（3）移位：核糖体沿着mRNA移动。P位点的tRNA脱离核糖体，腾出P位点，而A位点携带二肽的tRNA移到空出的P位点上。A位点又可以接受下一个tRNA，重复步骤（2）（3）。

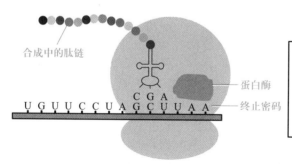

（4）终止：当mRNA上的终止密码进入核糖体A位点，一种蛋白酶便与终止密码结合。多肽链将与P位点的tRNA分离，合成完毕的多肽链从核糖体中释放。

图 9-6　蛋白质的合成过程

表 9-1　20 种氨基酸的密码子表 1

第一个字母	第二个字母				第三个字母
	U	C	A	G	
U	苯丙氨酸	丝氨酸	酪氨酸	半胱氨酸	U
	苯丙氨酸	丝氨酸	酪氨酸	半胱氨酸	C
	亮氨酸	丝氨酸	终止	终止	A
	亮氨酸	丝氨酸	终止	色氨酸	G
C	亮氨酸	脯氨酸	组氨酸	精氨酸	U
	亮氨酸	脯氨酸	组氨酸	精氨酸	C
	亮氨酸	脯氨酸	谷氨酰胺	精氨酸	A
	亮氨酸	脯氨酸	谷氨酰胺	精氨酸	G
A	异亮氨酸	苏氨酸	天冬氨酸	丝氨酸	U
	异亮氨酸	苏氨酸	天冬氨酸	丝氨酸	C
	异亮氨酸	苏氨酸	赖氨酸	精氨酸	A
	甲硫氨酸(起始)	苏氨酸	赖氨酸	精氨酸	G
G	缬氨酸	丙氨酸	天冬氨酸	甘氨酸	U
	缬氨酸	丙氨酸	天冬氨酸	甘氨酸	C
	缬氨酸	丙氨酸	谷氨酸	甘氨酸	A
	缬氨酸(起始)	丙氨酸	谷氨酸	甘氨酸	G

小百科

DNA 指纹技术

　　世界上除同卵双胞胎外,几乎没有指纹一模一样的两个人,所以指纹可以用来鉴别身份。那么 DNA 指纹技术是怎么一回事? 研究表明,每个人的 DNA 都不完全相同。DNA 也可以像指纹一样用来鉴别身份,这种方法就是 DNA 指纹技术。

　　应用 DNA 指纹技术,首先需要用合适的酶将待检测的样品 DNA 切成片段。然后用电泳的方法将这些片段按大小分开,再经过一系列的步骤,最后形成 DNA 指纹图。每个人的 DNA 指纹图都是独一无二的,我们可以通过分析 DNA 指纹图的吻合程度来确定身份。

　　在现代刑侦领域中,DNA 指纹技术正在发挥着越来越重要的作用。刑侦人员只需要一滴血、精液或者一根头发等样品,就可以进行 DNA 指纹鉴定。此外,DNA 指纹技术还可以用于亲子鉴定、死者遗骸的鉴定等。

实践活动

制作 DNA 双螺旋结构模型

实验原理

DNA 分子具有特殊的空间结构——双螺旋结构。

实验目的

通过制作 DNA 双螺旋结构模型,加深对 DNA 分子结构特点的理解和认识。

实验材料

硬塑方框 2 个(长约 10cm),细铁丝 2 根(长约 0.5m),球形塑料片(代表磷酸)若干,双层塑料片(代表脱氧核糖)若干,4 种不同颜色的长方形塑料片(代表 4 种碱基)若干,粗铁丝 2 根(长约 10cm),订书钉。

实验过程

1. 取一个硬塑方框,在其一侧的两端各拴上 1 根长 0.5m 的细铁丝。

2. 将 1 个剪好的球形塑料片(代表磷酸)和 1 个长方形塑料片(4 种不同颜色的长方形塑料片分别代表 4 种碱基),分别用订书钉连接在 1 个剪好的五边形塑料片(代表脱氧核糖)上。用同样的方法制作一个个含有不同碱基的脱氧核苷酸模型。

3. 将若干个制成的脱氧核苷酸模型,按照一定的碱基顺序依次穿在 1 根长细铁丝上,这样就制作好了一条 DNA 链。按同样方法制作另一条 DNA 链(注意碱基顺序及脱氧核苷酸的方向),用订书钉将两条链之间的互补碱基连接好。

4. 将两条铁丝的末端分别拴到另一个硬塑方框一侧的两端,并在所制模型的背侧用两根较粗的铁丝加固。双手分别提起硬塑方框,拉直双链,旋转一下,即可得到一个 DNA 分子的双螺旋结构模型。

思考与练习

1. DNA 的一条单链中 A+T/G+C=0.4,上述比例在其互补单链和整个 DNA 分子中分别是(　　)。

A. 0.4 和 0.6 　　　B. 2.5 和 1.0 　　　C. 0.4 和 0.4 　　　D. 0.6 和 1.0

2. 1 个 DNA 分子经过 4 次复制,形成 16 个 DNA 分子,其中含有最初 DNA 分子长链的 DNA 分子有(　　)。

A. 2 个 　　　B. 8 个 　　　C. 16 个 　　　D. 32 个

3. 某 DNA 分子经过 3 次复制后,所得到的第 4 代 DAN 分子中,含有第 1 代 DNA 分子中脱氧核苷酸链的条数有(　　)。

A. 1 条 　　　B. 2 条 　　　C. 4 条 　　　D. 8 条

4. 一个 DNA 分子经过 3 次复制,最后形成的 DNA 分子数是(　　)。

A. 4 个 　　　B. 8 个 　　　C. 16 个 　　　D. 32 个

5. 基因的化学本质是（　　）。

A. 基因是遗传物质的功能单位

B. 基因是有遗传效应的 DNA 片段

C. 基因在染色体上呈直线排列

D. 基因是蕴含遗传信息的核苷酸序列

6. 基因研究最新发现表明,人与小鼠的基因约有80%相同。则人与小鼠 DNA 碱基序列相同的比例是（　　）。

A. 20%　　　　　　B. 80%　　　　　　C. 100%　　　　　　D. 无法确定

7. 由 120 个碱基组成的 DNA 分子片段,可因碱基对组成和序列的不同而携带不同的遗传信息,其种类数最多可达（　　）。

A. 4 120　　　　　　B. 1 204　　　　　　C. 460　　　　　　D. 604

8. DNA 分子具有多样性,其原因不可能是（　　）。

A. DNA 分子中脱氧核糖和磷酸的排列顺序是千变万化的

B. DNA 分子中碱基的排列顺序是千变万化的

C. DNA 分子中碱基对的排列顺序是千变万化的

D. DNA 分子中脱氧核苷酸的排列顺序是千变万化的

9. 下列关于基因的说法中,正确的是（　　）。

A. 基因就是指 DNA 分子的一个片段

B. 基因是指染色体的一个片段

C. 基因是指有遗传效应的 DNA 片段

D. 基因就是指蛋白质分子片段

10. 基因的自由组合可导致生物多样性的原因是（　　）。

A. 产生了新的基因　　　　　　　　B. 改变了基因的结构

C. 产生了新的基因型　　　　　　　D. 改变了基因的数量

小朋友的问题

为什么小明的眼睛像妈妈、嘴巴像爸爸?

答:这是因为小明的爸爸、妈妈把自己的 DNA 分子复制出一份,各自遗传给小明的缘故。

第二节　遗传基本定律

通过遗传物质的传递,子代获得与亲代相似特征的现象就是遗传。变异是指生物体子代与亲代之间及子代各个个体之间存在差异的现象。从"种瓜得瓜,种豆得豆""一母生九子,连母十个样"这些民间谚语可以发现,人们早就观察到生物在传宗接代过程中出现的遗传和变异现象,但是一直找不到遗传的规律。奥地利遗传学家孟德尔用豌豆做实验,最先揭示了遗传的两个规律:基因分离规律和基因的自由组合规律。

小百科

遗传学的奠基人——孟德尔

孟德尔(1822—1884),奥地利人,从小喜爱自然科学。由于家境贫困,21 岁时进入一所修道院(现捷克境内)做修道士。1851 年,孟德尔被派到维也纳大学进修自然科学和数学。这些课程的学习,对他后来的研究工作起了重要作用。3 年后,他回到修道院,利用修道院的一块园地,种植了豌豆、山柳菊、紫茉莉、草莓、玉米等许多植物,并且进行了多种植物的杂交试验。孟德尔对杂交试验的研究也不是一帆风顺的。他曾花了几年时间研究山柳菊,结果却一无所获。后来人们才发现:(1) 山柳菊没有既容易区分又可以连续观察的相对性状;(2) 山柳菊有时进行有性生殖,有时进行无性生殖;(3) 山柳菊的花小,难以做人工杂交试验。后来又经过 8 年的不懈努力,孟德尔对豌豆的杂交实验取得成功,终于在 1865 年发表了《植物杂交试验》的论文,揭示出遗传的两个基本规律——基因分离规律和基因的自由组合规律。然而孟德尔的研究成果,在当时并没有立即引起人们的注意。直到 1900 年孟德尔的这项发现被 3 位生物学家分别予以证实以后,才受到科学界的重视和公认。从此,遗传学作为一门独立的学科,很快地发展起来了。

一、基因的分离规律

孟德尔之所以选择豌豆作为遗传实验材料,是因为豌豆是严格自花传粉的。在自然状态下,豌豆能避免外来花粉的干扰,在花苞内完成传粉。因此,用豌豆做人工杂交试验,结果可靠又容易分析。

孟德尔选择豌豆的另一个原因,是因为豌豆的一些品种之间有易于区分的特征。如高秆与矮秆、圆粒种子与皱粒种子。像这样,一种生物同一性状的不同表现类型,叫做相对性状。孟德尔发现,豌豆的这些性状能稳定地遗传给后代。孟德尔选择了豌豆的 7 对相对性状做杂交试验。

1. 1 对相对性状的遗传试验

思考与讨论

在孟德尔所做的高茎豌豆和矮茎豌豆杂交试验中,为什么子一代只出现高茎豌豆性状,而在子二代中却出现了高茎和矮茎两种不同性状?

孟德尔用纯种高茎豌豆与纯种矮茎豌豆作亲本(P)进行杂交,无论用高茎豌豆作母本(正交),还是作父本(反交),产生的子一代(F_1)全都是高茎的。杂种子一代显现的亲本性状,叫做显性性状,如高茎;未显现的亲本性状,叫做隐性性状,如矮茎。

孟德尔又让子一代植株进行自交(图 9-7),得到的子二代(F_2),既有高茎的,也有矮茎的。在 F_2 得到的 1 064 棵植株中,787 株是高茎,277 株是矮茎。高茎和矮茎的数量比接近 3∶1。这种在 F_2 中出现了显性和隐性性状的现象,遗传学上叫做性状分离。

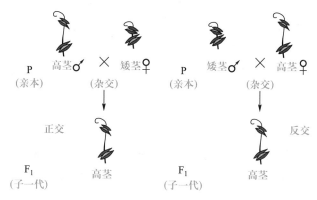

图 9-7　高茎豌豆和矮茎豌豆的杂交试验

孟德尔又做了其他 6 对相对性状的杂交试验,都得到与上述试验相同的结果:子一代只表现出显性性状;子二代出现性状分离,且显性与隐性的数量比均接近 3∶1(表 9-2)。

表 9-2　孟德尔的豌豆杂交试验结果

性状	F_2 的表现型				
	显性		隐性		显性∶隐性
种子的形状	圆粒	5 474	皱粒	1 850	2.96∶1
茎的高度	高茎	787	矮茎	277	2.84∶1
子叶的颜色	黄色	6 022	绿色	2 001	3.01∶1
种皮的颜色	灰色	705	白色	224	3.15∶1
豆荚的形状	饱满	882	不饱满	299	2.95∶1
豆荚的颜色(未成熟)	绿色	428	黄色	152	2.82∶1
花的位置	腋生	651	顶生	207	3.14∶1

2. 对分离规律的解释

对上述试验,孟德尔认为,生物体的性状都是由遗传因子(后来称为基因)控制的。控制显性性状(如圆粒)的基因是显性基因,用大写英文字母(如 R)表示;控制隐性性状(如皱粒)的基因是隐性基因,用小写的英文字母(如 r)表示。在生物的体细胞中,控制性状的基因都是成对存在的。如纯种圆粒豌豆的体细胞中含成对基因 RR,纯种皱粒豌豆的体细胞中含成对基因 rr。生物体形成生殖细胞——配子时,成对基因彼此分离而进入不同的配子。所以,纯种圆粒豌豆的配子只含一个显性基因 R;纯种皱粒豌豆的配子则含一个隐性基因 r。受精时,雌、雄配子结合,合子的基因又恢复成对。如基因 R 与基因 r 在 F_1 体细胞中结合为 Rr。由于 R 对 r 的显性作用,$F_1(Rr)$ 表现为圆粒。

在 F_1 自交产生配子时,基因 R 与基因 r 又分离,这时 F_1 产生的雄配子和雌配子就各有两种:一种含 R,另一种含 r,且两种配子的数目相等。受精时,雌、雄配子随机结合,F_2 便出现 3 种基因组合:RR、Rr 和 rr,且其数量比接近 $1:2:1$。由于 R 对 r 的显性作用,F_2 在性状表现上只有两种:圆粒和皱粒,其数量比接近 $3:1$。

表现型和基因型　表现型是指生物个体表现出的性状,如豌豆的圆粒与皱粒。基因型是指与表现型有关的基因组成。如,圆粒的基因型是 RR 或 Rr,皱粒的基因型是 rr。可见,表现型是基因型的外在表现,基因型是性状表现的内在因素。

在上述 3 种基因型中,RR 或 rr 的一对基因相同,叫做纯合子;Rr 的基因不同,叫做杂合子。

生物体在发育过程中,不仅受内在因素的控制,也受外在环境的影响。因而,相同基因型的生物,在不同的环境条件下,会有不同的表现型。表现型是基因型与环境相互作用的结果。

3. 对分离现象解释的验证

孟德尔为了验证对分离现象的解释是否正确,又做了另一个试验——测交。让 F_1 与隐性纯合子杂交(图9-8),以测定 F_1 的基因型。如果对分离现象的解释是正确的,则 F_1(Rr)与隐性纯合子(rr)杂交时,会产生 R 和 r 两种配子,且数目相等;而 rr 只会产生一种配子 r。所以,测交的后代,应该一半是圆粒,一半是皱粒,即接近 $1:1$。测交试验的结果正好符合孟德尔的预期,从而证明了 F_1 是杂合子(Rr),且在形成配子时,等位基因发生了分离,分离后的基因分别进入不同的配子中。

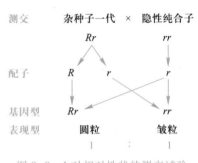

图 9-8　1 对相对性状的测交试验

4. 基因分离规律的实质

此规律的实质是:在杂合子中,细胞内位于一对同源染色体上的等位基因具有独立性。在进行减数分裂形成配子时,等位基因会随着同源染色体的分开而分离,分别进入两个配子,独立地随配子遗传给后代。

小百科

人类的 ABO 血型遗传

人类的 ABO 血型也是由基因决定的一种遗传性状。一个人的血型可能是 A 型、B 型、AB 型和 O 型。科学研究发现,控制人类 ABO 血型遗传的基因有:I^A、I^B 和 i 3 种。在这 3 种基因中,I^A 和 I^B 对 i 为显性,而 I^A 和 I^B 之间则无显、隐性关系,即只要这两种基因存在,它们决定的性状就能同时显性出来。

I^A、I^B 和 i 3 基因能够形成 6 种基因组成。其中,A 型血的基因组成可以是

I^AI^A 或 I^Ai，B 型血的基因组成可以是 I^BI^B 或 I^Bi，AB 型血的基因组成是 I^AI^B，O 型血的基因组成是 ii。

同学们根据学过的基因分离规律分析一对 AB 型血和 O 型血的夫妻，他们可能生出什么血型的孩子。

思考与练习

1. 老李家的一块麦地，去年雨水充足，收成喜人，粒大饱满。今年老李以去年收获小麦为种子进行播种，今年的收成（　　　）。

　　A. 一定会粒大饱满　　　　　　　　B. 一定不会粒大饱满

　　C. 不一定粒大饱满　　　　　　　　D. 与去年的一样

2. 一对夫妇，父亲为双眼皮，母亲为单眼皮，生了一个单眼皮的孩子（已知双眼皮对单眼皮为显性），后来母亲通过手术做成了双眼皮。若该夫妇再生育一个孩子，孩子为双眼皮的概率为（　　　）。

　　A. 25%　　　　　　B. 50%　　　　　　C. 75%　　　　　　D. 100%

3. 已知人类酒窝有无的性状是由一对基因控制，有酒窝是显性（F），没有酒窝是隐性（f）。小玲有酒窝，她的丈夫没有酒窝，他们生了两个孩子皆有酒窝。在不考虑突变的情况下，下列推论何者最合理？（　　　）

　　A. 两个孩子的基因型必定分别为 FF 和 Ff

　　B. 两个孩子必定都有遗传到小玲的 F 基因

　　C. 若小玲再度怀孕，此胎儿也必定有 F 基因

　　D. 小玲的基因型必定为 FF，其丈夫的基因型为 ff

4. 白化病是一种由常染色体上隐性基因控制的遗传病。下列关于白化病遗传规律的叙述，正确的是（　　　）。

　　A. 父母都患病，子女可能是正常人

　　B. 子女患病，父母可能都是正常人

　　C. 父母都无病，子女必定是正常人

　　D. 子女无病，父母必定都是正常人

5. 已知某夫妇都能卷舌，且基因组成都为 Aa。从理论上推测，他们生一个孩子，能卷舌的可能性是（　　　）。

　　A. 25%　　　　　　B. 50%　　　　　　C. 75%　　　　　　D. 100%

6. 下列各组生物性状中属于相对性状的是（　　　）。

　　A. 番茄的红果和圆果　　　　　　B. 水稻的早熟和晚熟

　　C. 绵羊的长毛和细毛　　　　　　D. 棉花的短绒和粗绒

7. 下面是关于基因型和表现型的叙述，其中错误的是（　　　）。

A. 表现型相同,基因型不一定相同

B. 基因型相同,表现型一般相同

C. 在相同环境中,基因型相同,表现型一定相同

D. 在相同环境中,表现型相同,基因型一定相同

8. 紫茉莉花的红色对白色(c)为不完全显性。下列杂交组合中,子代开红花比例最高的是(   )。

A. $CC×cc$ B. $Cc×CC$ C. $cc×Cc$ D. $Cc×Cc$

9. 让杂合高茎豌豆自交,后代中出现高茎和矮茎两种豌豆,且两者的比例大约为3∶1。这种现象在遗传学上称为(   )。

A. 性状分离   B. 诱发突变

C. 染色体变异   D. 自然突变

10. 一般人肤色正常,由显性基因 A 控制;有极少数人毛发和皮肤呈白色,为白化病,由基因 a 控制。统计白化家族,若三对夫妇的子女白化各是:25%,50%和100%,则这三对夫妇的基因型最可能是(   )。

① $AA×AA$ ② $aa×aa$ ③ $AA×aa$

④ $Aa×Aa$ ⑤ $Aa×aa$ ⑥ $AA×aa$

A. ①②③   B. ④⑤⑥   C. ④②⑤   D. ④⑤②

11. 一个生物个体产生了一个 AB 型的配子,该个体(   )。

A. 是纯合体   B. 是杂合子

C. 是雄个体   D. 以上都有可能

12. 一只白公羊与一只黑母羊交配,生下的小羊全部表现为白色。此现象可解释为(   )。

A. 控制黑色的基因消失了

B. 控制黑色的基因未消失但不表现

C. 黑色母羊必为 Aa

D. 白色公羊必为 Aa

小朋友的问题

小明的爸爸妈妈都是双眼皮,为什么小明却是单眼皮?

人的双眼皮和单眼皮属于遗传性状,并且双眼皮(R)对单眼皮(r)是显性。小明是单眼皮,而他爸爸妈妈是双眼皮,这说明他爸爸妈妈的基因型都是 Rr,而小明从爸爸妈妈得到的基因都是 r。由于小明的基因型是 rr,因此小明是单眼皮。

二、基因的自由组合规律

1. 2 对相对性状的遗传试验

孟德尔在完成了对豌豆 1 对相对性状的研究后,进一步研究 2 对相对性状的遗传,从而揭示出第二个规律——基因的自由组合规律。

思考与讨论

在如图 9-9 所示,孟德尔所做黄色圆粒豌豆和绿色皱粒豌豆杂交试验中,为什么子一代只出现黄色圆粒性状,而在子二代中却出现了亲本中没有的绿色圆粒和黄色皱粒两种不同的性状?

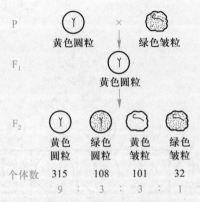

图 9-9 两对基因的独立分配与自由组合

　　孟德尔用纯种黄色圆粒和纯种绿色皱粒作亲本进行杂交,结出的种子(F₁)都是黄色圆粒。这表明,黄色对绿色是显性,圆粒对皱粒是显性。他又让 F₁ 植株自交,在产生的 F₂ 中,不仅出现了亲代原有的性状——黄色圆粒和绿色皱粒,还出现了新的性状——绿色圆粒和黄色皱粒。在总共得到的 556 粒种子中,黄色圆粒、绿色圆粒、黄色皱粒和绿色皱粒的数量依次是 315、108、101 和 32。这些数量比接近 9∶3∶3∶1,如何解释这个结果呢?

2. 对自由组合现象的解释

　　如果对每对相对性状单独分析,其结果是:圆粒∶皱粒接近 3∶1,黄色∶绿色接近 3∶1。这些数据表明,豌豆粒形和粒色的遗传都遵循了基因分离规律。孟德尔假设豌豆的粒形和粒色分别由一对基因控制,即黄色和绿色分别是由 Y 和 y 控制;圆粒和皱粒分别由 R 和 r 控制。这样,纯种的黄色圆粒和绿色皱粒的基因型就分别是 $YYRR$ 和 $yyrr$,它们的配子则分别是 YR 和 yr。受精后的 F₁ 的基因型就是 $YyRr$。Y 对 y、R 对 r 具有显性作用,故而,F₁ 的表现型是黄色圆粒。

　　F₁ 自交产生配子时,按分离规律,每对基因彼此分离,即 Y 与 y 分离、R 与 r 分离。同时,不同对的基因可自由组合,即 Y 可以和 R 或 r 结合,y 可以和 R 或 r 组合。这里,等位基因的分离和不同对基因之间的组合是彼此独立,互不干扰的。这样,F₁ 产生的雌配子和雄配子就各有 4 种,它们是 YR、Yr、yR 和 yr,其数量比接近 1∶1∶1∶1。受精时,雌、雄配子的结合是随机的,结合的方式就有 16 种,其中含 9 种基因型和 4 种表现型。9 种基因型是:$YYRR$、$YYRr$、$YYrr$、$YyRR$、$YyRr$、$Yyrr$、$yyRR$、$yyRr$、$yyrr$;4 种表现型是:黄色圆粒、黄色皱粒、绿色圆粒、绿色皱粒。4 种表现型的数量比接近 9∶3∶3∶1,如图 9-10 所示。

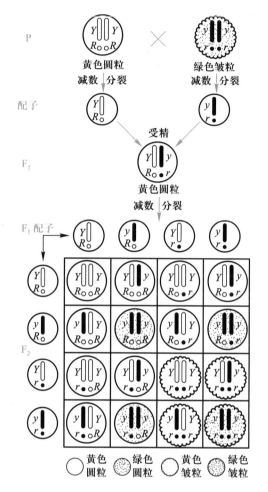

图 9-10 自由组合定律的遗传图解

3. 对自由组合现象解释的验证

孟德尔为了验证上述自由组合现象,还做了测交试验。就是将 F_1($YyRr$)与双隐性纯合子($yyrr$)杂交。按孟德尔的假设,F_1 可产生 4 种配子,即 YR、Yr、yR、yr,且数量相等。而隐性纯合子只产生 yr。测交的结果应当产生 4 种后代:黄色圆粒($YyRr$)、黄色皱粒($Yyrr$)、绿色圆粒($yyRr$)和绿色皱粒($yyrr$),并且其数量应当近似相等。

孟德尔所做的测交试验,无论是以 F_1 作母本还是作父本,结果都符合预期,即 4 种表现型的实际子粒数量比都接近 1:1:1:1,从而证实了 F_1 在形成配子时,不同对的基因是自由组合的。2 对相对性状的测交试验如图 9-11 所示。

豌豆 2 对相对性状遗传的 F_1 测交试验结果如表 9-3 所示。

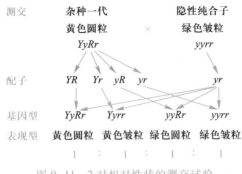

图 9-11 2 对相对性状的测交试验

表 9-3 豌豆 2 对相对性状遗传的 F_1 测交试验结果

项目		黄色圆粒	黄色皱粒	绿色圆粒	绿色皱粒
实际子粒数	F_1 作母本	31	27	26	26
	F_1 作父本	24	22	25	26
不同性状的数量比		1 : 1 : 1 : 1			

4. 基因自由组合规律的实质

细胞遗传学的研究表明,孟德尔所说的一对遗传因子就是位于一对同源染色体上的等位基因,不同的遗传因子就是位于非同源染色体上的非等位基因。孟德尔的 2 对相对性状的杂交试验,揭示了基因自由组合规律的实质是:位于非同源染色体上的非等位基因的分离或组合是互不干扰的。在减数分裂形成配子时,同源染色体上的等位基因彼此分离,同时非同源染色体上的非等位基因自由组合。

思考与练习

1. 在完全显性及每对基因独立遗传的条件下,$AaBbCc$ 与 $aaBbcc$ 进行杂交,其子一代中表现型与双亲相同的个体占全部子代的( )。

A. 1/4   B. 3/8   C. 5/8   D. 3/4

2. 一个基因型为 $AaBb$ 的初级卵母细胞,按自由组合定律形成配子,其配子的基因型是( )。

A. AB 或 ab
B. AB、ab 或 Ab、aB
C. AB、ab、Ab、aB
D. AB 或 ab 或 Ab 或 aB

3. 基因为 $DdTt$ 和 $ddTT$ 的亲本杂交,子代中不可能出现的基因型是( )。

A. $DDTT$ B. $ddTT$ C. $DdTt$ D. $ddTt$

4. 将基因型为 $AaBbCc$ 和 $AaBbCc$ 的向日葵杂交,按基因自由组合规律,后代中基因型为 $AABBCC$ 的个体比例应为( )。

A. 1/8   B. 1/16   C. 1/32   D. 1/64

5. 某夫妇所生四个孩子的基因型为 *RRLL*、*Rrll*、*RRll* 和 *rrLL*。则这对夫妇的基因型是（　　）。

A. *RrLl* 和 *RrLl*　　　　　　　　　　B. *RRLl* 和 *RRLl*

C. *RrLL* 和 *RrLl*　　　　　　　　　　D. *rrll* 和 *rrLL*

6. 已知豌豆种皮灰色（*G*）对白色（*g*）为显性，子叶黄色（*Y*）对绿色（*y*）为显性。如以基因型 *ggyy* 的豌豆为母本，与基因型 *GgYy* 的豌豆杂交，则母本所结籽粒的表现型是（　　）。

A. 全是灰种皮黄子叶

B. 灰种皮黄子叶，灰种皮绿子叶，白种皮黄子叶，白种皮绿子叶

C. 全是白种皮黄子叶

D. 白种皮黄子叶，白种皮绿子叶

7. 假如水稻高秆（*D*）对矮秆（*d*）为显性，抗稻瘟病（*R*）对易感稻瘟病（*r*）为显性，两对性状独立遗传，用一个纯合易感病的矮秆品种（抗倒伏）与一个纯合抗病高秆品种（易倒伏）杂交，F_2 代中出现既抗病又抗倒伏类型的基因型及其比例为（　　）。

A. *ddRR*，1/8　　　　　　　　　　　　B. *ddRr*，1/16

C. *ddRR*，1/16 和 *ddRr*，1/8　　　　　D. *DDrr*，1/16 和 *DdRR*，1/8

8. 父本基因型为 *AABb*，母本基因型为 *AaBb*，其 F_1 不可能出现的基因型是（　　）。

A. *AABb*　　　　　B. *Aabb*　　　　　C. *AaBb*　　　　　D. *aabb*

9. 基因的自由组合可导致生物多样性的原因是（　　）。

A. 产生了新的基因　　　　　　　　　　B. 改变了基因的结构

C. 产生了新的基因型　　　　　　　　　D. 改变了基因的数量

三、性别决定和伴性遗传

在生物界，同是受精的卵细胞，为什么有的会发育成雌性，有的会发育成雄性？为什么男性红绿色盲患者多于女性？这些都是性别决定和伴性遗传的问题。

思考与讨论

人都是由受精卵发育来的，为什么在发育过程中有的受精卵发育成男孩，有的受精卵发育成女孩？

通过社会调查发现，男性红绿色盲患者远远多于女性红绿色盲患者，为什么？

1. 性别决定

以人为例，人的体细胞有 23 对染色体，其中 22 对男女一样的染色体，叫做常染色体（1—22 号染色体）。有 1 对染色体男女不同，叫做性染色体。在男性的体细胞中，两条性染色体中较大的叫做 X 染色体，较小的叫做 Y 染色体（图 9-12）。在女性的体细胞中两条性染色体相同，都是较大的 X 染色体（图 9-13）。所以，男性的性别由 XY 染色体决定，女性的性别由 XX 染色体决定。根据基因分裂规律，男性个体的精原细胞在

减数分裂形成精子时,可产生含 X 染色体的精子和含 Y 染色体的精子,且这两种精子的数目相等。女性个体的卵原细胞在减数分裂形成卵子时,只产生一种含 X 染色体的卵细胞。受精时,两种精子和卵细胞随机结合,因此形成两种数目相等的受精卵:含 XX 的受精卵和含 XY 的受精卵,前者将发育为女性,后者将发育为男性(图 9-14)。

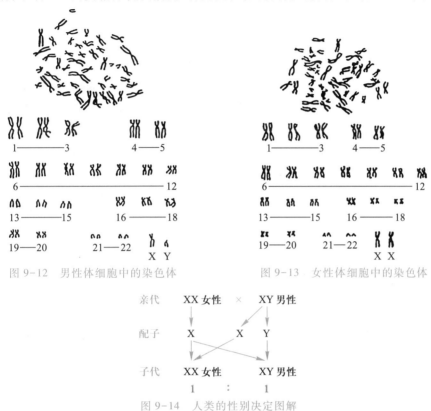

图 9-12 男性体细胞中的染色体   图 9-13 女性体细胞中的染色体

图 9-14 人类的性别决定图解

小百科

其他生物的性别决定

生物的性别决定主要有两种:XY 型和 ZW 型。

1. XY 型

这是指雄性个体的体细胞含有两个异型的性染色体(XY)、雌性个体的体细胞含有两个同型的性染色体(XX)的性别决定类型。XY 型性别决定比较普遍,很多种类的昆虫、某些鱼类和两栖类,所有哺乳动物,以及很多雌雄异株的植物,如菠菜、大麻等,皆属此类。

2. ZW 型

与 XY 型相反,ZW 型含同型性染色体的个体是雄性,而含异型性染色体的个体是雌性。蛾类、蝶类、鸟类(鸡、鸭、鹅)的性别决定属于此类。

2. 伴性遗传

人们研究遗传现象时发现,有些性状的遗传常与性别相关,这就是伴性遗传。例如,人类的红绿色盲的遗传就属于伴性遗传。

小百科

色盲症的发现

18世纪,英国著名的化学家兼物理学家道尔顿(1766—1844),在圣诞节前夕买了一双"棕灰色"的袜子,作为圣诞礼物送给妈妈。妈妈看到袜子后,感到颜色过于鲜艳,就对道尔顿说:"你买的樱桃红色的袜子,让我怎么穿呢?"道尔顿感到非常奇怪,袜子明明是棕灰色的,为什么妈妈说是樱桃红色的呢?疑惑不解的道尔顿就去问弟弟和周围的人。结果,除了弟弟和自己的看法相同以外,被问的其他人都说袜子是樱桃红色的。道尔顿经过认真分析比较,发现他和弟弟的色觉和别人不同,原来自己和弟弟都是色盲。道尔顿虽然不是生物学家和医学家,却成了第一个发现色盲症的人,也是第一个被发现的色盲患者。为此他写了论文《论色盲》,成为世界上第一个提出色盲问题的人。后来,人们为了纪念他,又把色盲症称为道尔顿症。

红绿色盲是一种常见人类遗传疾病。患者由于色觉障碍,不能像正常人那样区分红色和绿色。研究发现,这种病是由位于 X 染色体的隐性基因(b)控制的。Y 染色体由于短小而无这一基因。因此,红绿色盲是随着 X 染色体向后代传递的。根据基因 B 和基因 b 的显、隐性关系,其遗传的方式有以下几种情况。

如果一个色觉正常的女性(纯合子)和一个男性红绿色盲患者结婚(图9-15),其后代中,儿子色觉正常,女儿从父亲那里得到了一个红绿色盲基因,故是色觉正常的红绿色盲携带者。这说明,父亲的红绿色盲基因随着 X 染色体传给了女儿,不传给儿子。

图 9-15　正常女性与男性红绿色盲的婚配图解

如果女性红绿色盲基因携带者和一个正常男性结婚(图9-16),其后代中,儿子有 1/2 正常,1/2 是红绿色盲;女儿则都不是红绿色盲,但有 1/2 是携带者。

完成如图9-17和图9-18所示的图解并思考伴性遗传的规律,总结伴性遗传病男女患者数量差别很大的原因。

通过上述分析可以看出,男性的红绿色盲基因只能来自母亲,以后只能传给女儿。只要母亲有色盲基因,儿子就有可能是色盲。而只有夫妇双方都有色盲基因时,女儿才有可能是色盲,所以色盲患者男性比女性多。据统计,我国红绿色盲的发病率中男性为7%,女性仅为0.5%。

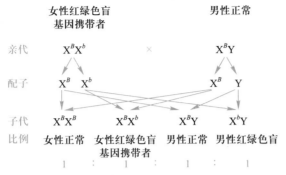

图 9-16　女性红绿色盲基因携带者与正常男性的婚配图解

图 9-17　女性红绿色盲基因与
正常男性的婚配图解

图 9-18　女性红绿色盲基因
携带者与男性色盲的婚配图解

伴性遗传在生物界普遍存在。人类血友病的遗传、抗维生素 D 佝偻病都属于位于 X 染色体上的伴性遗传,还有外耳多毛症是位于 Y 染色体上的伴性遗传。

小百科

血友病——"皇族病"

血友病是一种常见的伴性遗传病。这种病的患者由于含有隐性致病基因 X^h(基因型是 X^hX^h),使血液里缺少一种凝血因子,因而凝血时间延长,甚至在轻微的创伤时也会出血不止,严重时可导致死亡。

19 世纪,血友病曾在欧洲一些国家的皇室中流传,当时被人们尊称为"皇族病"。这种病的肇端者是英国维多利亚女王,她是女王家族中第一个血友病携带者(基因型 X^HX^h)。由于她的祖辈中无人患过这种病,因此推测她的致病基因是突变产生的。欧洲皇族之间的联姻,使血友病基因通过女王的后代传到俄国、西班牙等一些皇族,产生了众多血友病携带者和患者。

思考与练习

1. 一对夫妇,女方的父亲患血友病,本人患白化病;男方的母亲患白化病,本人正常,预计他们的子女中一人同时患两种病的概率是(   )。

A. 50%   B. 25%   C. 12.5%   D. 6.25%

2. 在下列系谱中,遗传病最可能的遗传方式是(   )。

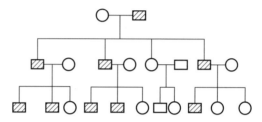

A. X 染色体显性遗传   B. X 染色体隐性遗传
C. 常染色体显性遗传   D. Y 染色体遗传

3. 血友病属于隐性伴性遗传病。某人患血友病,他的岳父表现正常,岳母患血友病,对他的子女表现型的预测应当是(   )。

A. 儿子、女儿全正常   B. 儿子患病、女儿正常
C. 儿子正常,女儿患病   D. 儿子和女儿中都有可能出现患者

4. 一个患红绿色盲的男子,已查明他们的父、母、祖父、外祖母、外祖父的色觉正常,但他的舅舅是色盲患者,由此可知(   )。

A. 父亲是色盲基因携带者   B. 母亲是色盲基因携带者
C. 父母都是色盲基因携带者   D. 父母均不是色盲基因携带者

5. 有一对夫妇色觉均正常,但女人的父亲是色盲。他们生有二男二女,则其子女色觉情况应当是(   )。

A. 全部都正常   B. 三个色盲,一个正常
C. 二个正常、二个色盲   D. 以上情况都有可能

6. 先天软骨发育不全是人类的一种遗传病。一对夫妇中男性患病,女性正常。所生子女中,所有的女儿均患病,所有儿子均正常。根据以上遗传现象,可以确定该种病的遗传方式最可能是(   )。

A. 细胞质遗传   B. 常染色体显性遗传
C. X 染色体隐性遗传   D. X 染色体显性遗传

7. 右图是人类中某遗传病的系谱图(该病受一对基因控制),则其最可能的遗传方式是(   )。

A. X 染色体上显性遗传

B. 常染色体上显性遗传

C. X 染色体上隐性遗传

D. 常染色体上隐性遗传

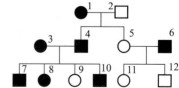

8. 下列各项中，能正确表示正常男性体细胞及精子中的染色体组成的是(   )。

A. 44+XY 和 22+X

B. 44+XY 和 22+X、22+Y

C. 44+XY 和 X、Y

D. 22+XY 和 X、Y

9. 血友病是一种 X 染色体上隐性基因控制的遗传病。现有一对表现型均正常的夫妇，妻子是致病基因的携带者，该对夫妇生一个患血友病的女儿的概率为(   )。

A. 0

B. 1/4

C. 1/2

D. 1

10. 人的体细胞和生殖细胞中染色体的数目分别是(   )。

A. 23 对和 23 条

B. 23 对和 23 对

C. 23 条和 23 条

D. 22 条和 23 对

小朋友的问题

是不是染色体数越多生物越高等？

不是，每种生物的染色体数是恒定的，并不是条数越多越高等。

例如，人 46 条、马蛔虫 2 条、马 64 条、驴 62 条、骡子 63 条、猪 38 条、牛 60 条、鸡 78 条、狗 39 条、猴子 42 条、兔子 44 条、果蝇 8 条、蚊子 6 条、水螅 40 条、青蛙 26 条、蟾蜍 36 条、蜜蜂雌 32 条、蜜蜂雄 16 条、大豆 40 条、普通小麦 42 条、大麦 14 条、豌豆 14 条、玉米 20 条、马铃薯 48 条、甘薯 90 条、茶树 30 条、棉花 52 条。

第三节 变异和人类遗传病

生物的子代与亲代存在或多或少的差异，有的是环境影响造成的，遗传物质没有变化，因此不能遗传下去，属于不遗传的变异。有的变异是由于生殖细胞内的遗传物质的改变引起的，因而能遗传给后代，属于可遗传的变异。可遗传的变异有三种来源：基因突变、基因重组和染色体变异。

思考与讨论

引起生物变异的原因有哪些？为什么人类的遗传病呈逐年上升趋势？

一、基因突变

（一）基因突变的含义

基因突变是指基因的结构发生改变，即 DNA 分子的片段中发生了碱基对的增减、缺失或改变。如人的镰刀形细胞贫血症，就是 β 基因发生基因突变，导致血红蛋白分子的多肽链上的一个谷氨酸被一个缬氨酸代替，红细胞因此发生了变化(图 9-19)。

这种红细胞形状不正常的疾病叫镰状细胞病。红细胞通常看起来像圆形的圆盘。在镰状细胞病中，它们的形状像新月。这些镰刀形的细胞很容易粘在一起，并阻断小血管。当血液不能到达它应该到达的地方时，氧气含量就会下降，从而导致疼痛和器官损伤。

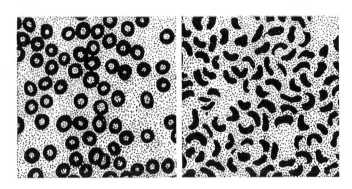

图 9-19 　正常红细胞(左)与镰刀形细胞贫血症红细胞(右)的性状比较

生物界中基因突变的性状到处可见。例如,棉花中的短果枝、鸡脚叶,水稻中的矮秆、糯性,玉米中的白化苗、马齿形子粒,以及绵羊中的短腿,鸽子中的灰红色等。

基因突变在生物进化中具有重要意义。它是生物变异的根本来源,为生物进化提供了最初的原材料。引起基因突变的因素很多,主要为 3 类。

(1)物理因素,如 X 射线、激光等。

(2)化学因素,指能与 DNA 分子起作用而改变 DNA 分子性质的物质,如亚硝酸、碱基类似物等。

(3)生物因素,包括病毒和某些细菌。

(二)基因突变引起的人类遗传病

基因突变引起的人类遗传病占遗传病的绝大多数。目前,世界上已经公布的这类遗传病有 6 500 多种。据估计,每年新发现的遗传病种类以 10~50 种的速度递增。可见,由基因突变引起的人类遗传病,已经构成了对人类健康的重大威胁。

1. 常染色体显性基因突变遗传病

这是指由常染色体显性致病基因引起的遗传病。如软骨发育不全就是由显性致病基因 A 引起的显性遗传病(图 9-20),患儿由于长骨骨干的软骨细胞形成障碍而表现出体态异常、身材矮小等症状。病情严重者,胎儿期就可能死亡。除此之外还有多指症、家族性高胆固醇血症等都属此类。

2. 常染色体隐性基因突变遗传病

这是指由常染色体上的隐性致病基因引起的遗传病。如苯丙酮尿症是由隐性致病基因 p(基因型是 pp)引起的隐性遗传病。患者体内因缺少了一种酶而使氨基酸的代谢不正常。患者出生 3~4 个月后就会出现智力低下症状,并且头发色黄,尿中因含有过多的苯丙酮酸而有异味。还有白化病、镰刀形细胞贫血症、先天性聋哑等都是这类遗传病。

图 9-20 　软骨发育不全

小百科

基因诊断和基因治疗

基因诊断是将受检者的基因序列和正常人的基因序列进行比较,找出差异,从而判断受检者是否携带致病基因。基因诊断可以在胎儿出生前进行,甚至早在胚胎着床前进行,这对减少遗传病患儿的出生具有重要意义。

基因治疗是指用正常基因取代或修复患者细胞中有缺陷的基因,从而达到治疗疾病的目的。1990 年,美国科学家实施了世界上第一例临床基因治疗。患者是一位患有严重复合型免疫缺陷疾病的 4 岁小姑娘艾姗蒂。由于基因缺陷,她的体内缺乏腺苷酸脱氨酶(ADA),导致她不具有正常人的免疫力。科学家从她的体内取出白细胞,转入能够合成 ADA 的正常基因,再将导入正常基因的白细胞输入她的体内。经过 2 年的持续治疗,终于使她恢复了健康。

二、基因重组

生物在有性生殖过程中进行基因重组,其性状也发生了重组,这符合遗传的基因自由组合规律。基因重组为生物变异提供了极其丰富的来源。

三、染色体变异

(一)染色体变异的含义

基因突变在光学显微镜下是看不见的。而染色体变异可以用显微镜直接观察得到,包括染色体结构的改变、数目的增减等。

(二)染色体变异引起的人类遗传病

人的体细胞中的染色体共 23 对,其中 22 对常染色体,1 对性染色体。若其结构和数目发生改变,就会引起人类染色体病。目前已经发现的人类染色体病有 100 余种,分为常染色体病和性染色体病。

1. 常染色体病

常染色体病是指由于常染色体的结构或数目改变而引起的遗传病。如先天性愚型(图 9-21),人群中的发病率高达 1/800~1/600。检查患者的染色体,可看到他比正常人多了一条 21 号染色体(图 9-22)。所以这种病又叫做 21-三体综合征。患此病者智力低下,身体发育缓慢。常表现出特殊的面容,眼间距宽,眼上斜,口常半张,舌常伸出口外。50% 的患儿有先天性心脏病。部分患儿在发育中夭折。

猫叫综合征是由于第 5 号染色体中的一条断臂缺失(图 9-23)而引起的。其群体发病率为 1/50 000。患儿头小,脸圆,生长缓慢,智力较低。突出症状是哭声呈奇怪的高频哀鸣,极似猫叫,故称为猫叫综合征。

图 9-21　先天性愚型患者

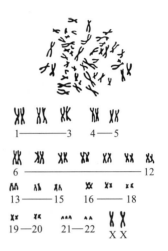

图 9-22　女性先天性愚型患者的染色体

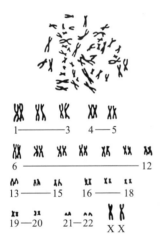

图 9-23　女性猫叫综合征患者的染色体

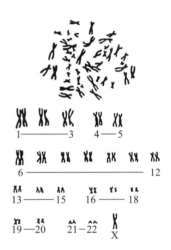

图 9-24　性腺发育不良症患者的染色体

2. 性染色体病

性染色体病是指由于性染色体变异而引起的遗传病,性腺发育不良症(图 9-24)。这是女性中最常见的,发病率是 1/3 500。经染色体检查,发现患者缺少一条 X 染色体。其外部特征是:身体较矮小(身高 120~140cm),肘常外翻,颈部皮肤松弛为蹼颈。外观虽表现为女性,但性腺和外生殖器都发育不良,乳房不发育,无生育能力。此病患者约 35% 伴有先天性心脏病。

四、优生优育

随着医疗技术发展和医疗卫生条件的改善,人类的传染性疾病已经逐渐得到控制,而遗传性疾病的发病率和死亡率却有逐年增高的趋势。遗传性疾病已成为威胁人类健康的一个重要因素。

英国学者在 1883 年就首先提出了"优生学"一词。优生学是研究如何防止人的先天缺陷,改善人类遗传素质的科学。

提倡优生可以做到以下几点。

1. 遵守相关法律,禁止近亲结婚

我国的婚姻法规定"直系血亲和三代以内的旁系血亲禁止结婚"。所谓直系血亲就是指从自己算起,向上推数三代,如父母、祖父母(外祖父母)、子女、孙子女(外孙子女)等。所谓三代以内的旁系血亲,是指与祖父母(外祖父母)同源而生的,除直系亲属以外的其他亲属,如同胞兄妹、堂兄妹、表兄妹、叔(姑)侄、姨(舅)甥等。

2. 进行婚前检查和遗传咨询

通过婚前检查和遗传咨询,医生对婚育对象和有关家庭成员进行身体检查,并详细了解家庭病史,在此基础上做出诊断,分析遗传病的传递方式,推算出后代的再发风险率,最终向婚育对象提出防治遗传病的对策。

3. 选择最佳生育年龄和生育时机

由于女子的自身发育要到 24~25 岁才完成,因此女子最适于生育的年龄是 24~29 岁。另外,选择夫妇双方身体状况都很好的受孕时机也非常重要。

4. 产前诊断

产前诊断又叫做出生前诊断,是指医生在胎儿出生前,用专门的检测手段,如羊水检查、B 超检查、孕妇血细胞检查和绒毛细胞检查及基因诊断等手段对孕妇进行检查,以便确定胎儿是否患有某种遗传病或先天性疾病。产前诊断的优点是在妊娠早期就可以将有严重畸形的胎儿及时检查出来,避免这种胎儿的出生。这种方法已成为保证优生的重要措施之一。

思考与练习

1. 下列叙述中,正确的是(　　)。

A. 能够遗传的性状都是显性性状

B. 优生优育的惟一措施是产前诊断

C. 男性精子中的 X 或 Y 染色体决定了后代的性别

D. 父母都是有耳垂的,生下的子女也一定有耳垂

2. 小皓和他的表妹去登记结婚,被告知我国婚姻法禁止近亲结婚,原因是近亲结婚(　　)。

A. 后代都会得遗传病　　　　　　B. 后代都会得艾滋病

C. 后代长相都很难看　　　　　　D. 后代得遗传病的可能性增加

3. 下列关于遗传病的说法中,错误的是(　　)。

A. 遗传病一般是由遗传物质发生改变引起的

B. 遗传病不能在人与人之间进行传播

C. 遗传病是由环境变化引起的

D. 近亲结婚生出的后代患遗传病的可能性较大

小朋友的问题

遗传病能根治吗?

由于遗传病主要是由基因决定的,因此,这种病不能用一般吃药、打针的方法进行治疗。但是,随着科学技术的发展,科学家们已经在"基因治疗"或"基因修复"治疗遗传病等方面取得了重大突破。也就是说,在不久的将来,遗传病是可以根治的。

第十章 生物的进化

本章学习提示

本章介绍几种生物进化理论,帮助我们理解生物如何通过进化形成物种的多样性。

本章学习目标

通过本章的学习,将实现以下学习目标:

★ 了解几种进化理论。

★ 了解生物多样性的形成及其重要性。

第一节 生物进化的理论

一、达尔文的自然选择学说

> **思考与讨论**
>
> 生物为什么会进化呢?为什么有些生物种类会灭绝?新的生物种类又会不断产生?如果生物进化重来一次,人类还会出现吗?

达尔文的自然选择学说,源于达尔文于 1859 年发表的惊世骇俗的鸿篇巨制《物种起源》。其主要内容有四点:过度繁殖、生存斗争(也叫做生存竞争)、遗传和变异、适者生存。自然选择学说被认为是现代生物学中最重要的里程碑。

达尔文认为由于生物的繁殖过度,在成长过程中任何一种生物都必须为生存而斗争。生存斗争包括生物与无机环境之间的斗争,生物种内的斗争,如为食物、配偶和栖息地等的斗争,以及生物种间的斗争。由于生存斗争,导致生物大量死亡,结果只有少量个体生存下来。但在生存斗争中,什么样的个体能够生存下去呢?达尔文用遗传和变异来进行解释。在生存斗争中,具有有利变异的个体容易获胜而生存下去。反之,具有不利变异的个体则容易失败而死亡。即凡是生存下来的生物都是适应环境的,而被淘汰的生物都是对环境不适应的,这就是适者生存。达尔文把在生存斗争中适者生存、不适者被淘汰的过程叫作自然选择。

长颈鹿的进化如图 10-1 所示。

图 10-1　长颈鹿的进化

达尔文认为,自然选择的过程是一个长期的、缓慢的、连续的过程。由于生存斗争不断地进行,因而自然选择也在不断地进行。通过一代代对生存环境的选择作用,物种变异被定向地向着一个方向积累,于是性状逐渐和原来的祖先不同了。这样,新的物种就形成了。由于生物所在的环境是多种多样的,生物适应环境的方式也是多种多样的,所以,经过自然选择也就形成了生物界的多样性。

小百科

拉马克的"用进废退学说"

在达尔文之前,法国博物学家拉马克(1744—1829)根据他在动植物学等方面研究,第一次提出比较完整的生物进化"用进废退学说"。该学说的中心论点是:环境变化了,生活在这个环境中的生物的一些器官由于经常使用而发达,如食蚁兽的舌头之所以细长,是由于长期舔食蚂蚁的结果;一些器官由于经常不用而退化,如鼹鼠长期生活在地下,眼睛就萎缩、退化。这些变化了的性状(即后天获得的性状)遗传下去,久而久之,就会形成新的物种。

拉马克的"用进废退学说",在人们信奉神创论的时代是有进步意义的。可以说,拉马克是进化论的最初奠基者。但是,由于受到科学发展水平的限制,他的进化理论在很大程度上只是一种推测,还不能对物种起源和生物的进化作出科学的论证。

二、综合进化论

随着现代生物科学研究的进展,把现代遗传学与达尔文的自然选择学说结合起来形成综合进化论。这是对达尔文进化论的发展和补充。

1. 种群是生物进化的基本单位

一个物种中的单个个体是不能长期生存的,物种长期生存的基本单位是种群。种群是生活在一定区域内同种生物的总和。一个个体是不可能进化的,生物的进化是通过自然选择实现的,自然选择的对象不是一个个体而是一个群体。种群也是生物繁殖的基本单位。种群内的个体不是机械地集合在一起,而是彼此可以自由交配,并通过繁殖将各自的基因传递给后代。

一个种群所含有的全部基因,叫做这个种群的基因库。某种基因在某个种群中出现的比例叫做基因频率。如果在种群足够大、没有基因突变、生存空间和食物都无限的条件下,即没有生存压力、种群内个体之间的交配随机进行的情况下,种群中的基因频率是不变的。但这种条件在自然状态下是不存在的。实际情况是,由于存在基因突变、基因重组和自然选择等因素,种群的基因频率总是在不断变化的。这种基因频率变化的方向是由自然选择决定的。所以生物的进化实质上就是种群基因频率发生变化的过程。

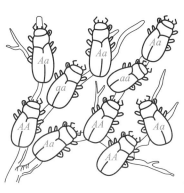

图 10-2 种群的基因

种群的基因如图 10-2 所示。

2. 自然选择决定生物进化的方向

18 世纪,英国曼彻斯特地区有一种桦尺蛾(图 10-3),几乎都是浅灰色的(a 基因),白天便于在树干上隐藏。深色(A 基因)桦尺蛾很少。后来,因为这里工厂林立,烟雾弥漫,层层煤灰把原来浅、灰色的树干染成黑色。这时又有一些生物学家来此地采集桦尺蛾标本。他们惊讶地发现,在这次采集的标本中,深色桦尺蛾成了多数,浅色桦尺蛾成了少数。这说明自然选择使生物适应于不断变化的环境,使生物在遗传变异和自然选择的作用下不断进化,而且是永远在发展变化的过程中。在生物进化过程中,不断有新物种的产生和旧物种的灭绝,这是因为经过长期的自然选择,生物不利的变异被淘汰,有利的变异则逐渐积累,导致物种朝着一定的方向缓慢地进化。可见,生物进化的方向是由自然选择决定的。

图 10-3 英国曼彻斯特的桦尺蛾

3. 突变和基因重组产生生物的原材料

可遗传的变异是生物进化的原始材料,主要来自基因突变、基因重组和染色体变异。在生物进化理论中,常将基因突变和染色体变异统称为突变。基因突变和染色体变异是普遍存在的。根据突变发生的条件可分为自然突变和诱发突变两类。不管在什么样的条件下发生突变,都是随机的,没有方向性,只是给生物进化提供原始材料,不能决定生物进化的方向。生物进化的方向是由自然选择来决定的。

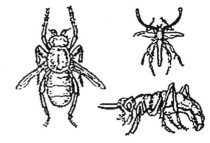

19世纪,达尔文进行环球考察时,发现印度洋南部的克格伦岛上无翅和残翅的昆虫特别多,这是由于岛上经常刮大暴风,在长期的进化过程中,不能飞翔的昆虫不容易被风刮到海里,这些突变产生的无翅和残翅的昆虫(图10-4)(一般情况下这类昆虫难以生存)通过自然选择生存了下来。

图10-4　海岛上无翅和残翅的昆虫

4. 隔离是新物种形成的必要条件

隔离是指将一个种群分隔成许多个小种群,使彼此不能交配,这样不同的种群就会向不同的方向发展,就有可能形成不同的物种。隔离常有地理隔离和生殖隔离两种。

地理隔离是指分布在不同自然区域的种群,由于地理空间上的隔离使彼此间无法相遇而不能进行基因交流。一定的地理隔离及相应区域的自然选择,可使分开的小种群朝着不同的方向分化,形成各自的基因库和基因频率,产生同一物种的不同亚种。分类学上把只有地理隔离的同一物种的几个种群叫做亚种。

生殖隔离是指种群间的个体不能自由交配,或者交配后不能产生可育后代的现象。一定的地理隔离有助于亚种的形成,进一步的地理隔离使它们的基因库和基因频率继续朝不同的方向发展,形成更大的差异。把这样的群体和最初的种群放在一起,将不发生基因交流,说明它们已经和原来的种群形成了生殖屏障,即生殖隔离。地理隔离是物种形成的量变阶段,生殖隔离是物种形成的质变时期。只有地理隔离而不形成生殖隔离,只能产生生物新类型或亚种,绝不可能产生新物种。生殖隔离是物种形成的关键,是最后阶段,是物种间真正的界线。

总之,种群是生物进化的基本单位,生物进化的实质在于种群内基因组成的改变。变异、自然选择及隔离是物种形成过程的三个基本环节,通过这三个环节的共同作用,种群产生分化,最终导致新物种的形成。其中基因突变、基因重组及染色体变异是生物进化的源泉。自然选择使种群内的基因组成形成定向的改变并决定生物进化的方向,隔离则是新物种形成的必要条件。

思考与练习

1. 用达尔文进化观点分析,动物的体色常与环境极为相似的原因是(　　　)。

A. 人工选择的结果　　　　　　　B. 自然选择的结果

C. 不能解释的自然现象　　　　　D. 动物聪明的表现

2. 华南虎和东北虎两个亚种的形成是因为( )。

A. 地理隔离的结果 　　　　　　B. 生殖隔离的结果

C. 地理隔离和生殖隔离的结构　　D. 基因突变和基因重组的结果

3. 越古老的地层中,成为化石的生物( )。

A. 越复杂,越低等　　　　　　　B. 越简单,越高等

C. 越复杂,越高等　　　　　　　D. 越简单,越低等

4. 下列关于生物进化规律的叙述,正确的是( )。

① 结构由简单到复杂　　　　　② 生命形式由低等到高等

③ 个体由小到大　　　　　　　④ 生活环境由水生到陆生

A. ①②③　　　B. ①②④　　　C. ①③④　　　D. ②③④

5. 始祖鸟化石证明下列哪两类生物有较近的亲缘关系。( )

A. 两栖类和鸟类　　　　　　　B. 两栖类和爬行类

C. 爬行类和鸟类　　　　　　　D. 哺乳类和鸟类

第二节 生物进化与生物多样性的形成

思考与讨论

地球上的生命产生于何时何地?是怎样产生的?生物又是如何进化的?为什么自然界中的生物千姿百态?

一、生命的起源

关于生命的起源,很早就有各种假说。当前,被普遍接受的是化学进化学说。

46 亿年前,刚刚形成的地球是一个没有生命的世界。甲烷、氨、氢、水蒸气等气体包围在地球表面,形成了原始大气层。原始大气没有氧,也没有臭氧层,太阳的紫外线直射到地面上。在紫外线、宇宙射线、闪电、高温等自然条件长期作用下,原始大气中的各种成分不断发生合成或分解反应,形成了多种简单的有机物,这就为原始生命的产生创造了物质条件。后来(大约在 39 亿年前),地球的温度逐渐降低,但火山的喷发仍然很频繁,地壳也发生了变化,有些地方隆起形成高原和山脉,有些地方下降形成洼地和山谷。同时,大气中的水蒸气不断增多。当水蒸气达到饱和状态,冷却以后,便成为雨水降落到地面,汇入洼地,形成原始海洋。原始大气中的简单有机物也随着雨水进入原始海洋。在原始海洋中,这些简单的有机物在一定的条件下,不断地进行反应,积累吸收能量,聚集成大分子聚合物,例如蛋白质、核酸。这些有机大分子相互作用,凝聚成多分子体系。经过极其漫长的岁月,有的多分子体系有了初步的合成、分解,甚至生长、繁殖等生命现象,原始生命就这样形成了。因此,原始海洋是原始生命诞生的摇篮。

假说认为,地球上的生命是在地球温度逐步下降以后,在极其漫长的时间内,由非生命物质经过极其复杂的化学过程,一步一步地演变而成的。

小百科

米勒的生命起源实验

生命起源的化学进化论在 1953 年首先得到了一位美国学者米勒的证实。米勒描述的生命起源的事件是什么样子的呢？那就是在早期,地球上因为含有大量还原性的原始大气圈,比如甲烷、氨气、水、氢气,还有原始海洋。早期地球上的闪电作用把这些气体聚合成多种氨基酸,而这些氨基酸在常温常压下,可能在局部浓缩,再进一步演化成蛋白质和其他的多糖类及高分子脂类,在一定的时候有可能孕发成生命,这就是米勒描述的生命进化过程。

米勒的实验装置如图 10-5 所示。

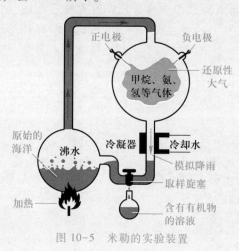

图 10-5 米勒的实验装置

二、生物进化的历程

原始生命的产生,揭开了生物进化发展的新纪元。原始生命产生后,由于营养方式的不同,一部分原始生命进化为具有叶绿素的进行自养生活的原始藻类;一部分原始生命进化成为没有叶绿素、靠摄取现成有机物为生的原始单细胞动物。这些原始藻类和原始单细胞动物,再各自进化成为各种各样的植物和动物。

植物进化的历程大致是:生活在海洋中的原始藻类植物,经过极其漫长的年代,逐渐进化成为适应陆地生活的原始的苔藓植物和蕨类植物,但是,它们的生殖都需要有水的环境。后来,一部分原始的蕨类植物进化成为原始的种子植物,包括原始的裸子植物和被子植物,它们的生殖完全脱离了水的限制,更加适应陆地生活。

动物进化的历程大致是:生活在海洋中的原始单细胞动物,经过极其漫长的年代,逐渐进化成为种类繁多的原始无脊椎动物。从结构上看,最低等、最原始的无脊椎动物是原生动物,由单细胞的原生动物进化到多细胞的腔肠动物;由二胚层的腔肠动物进化到三胚层的扁形动物;线形动物出现了肛门;环节动物出现了真正的体腔;节肢动物是真正适应了陆地生活的无脊椎动物。在这个过程中,动物的结构越来越复杂,逐渐出现了组织、器官和系统,生活环境逐渐从水中到陆地。

图 10-6 所示为生物进化系统树。

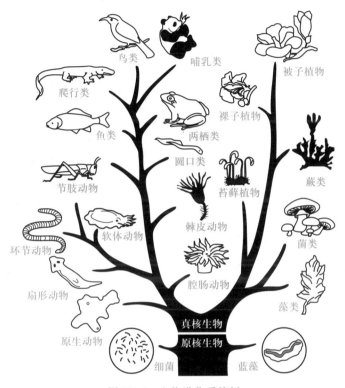

图 10-6　生物进化系统树

脊椎动物是高等动物,地球上最早出现的脊椎动物是古代鱼类。古代鱼类生活在水中,后来由于地球气候变化,湖水、池塘等干涸,古代的鱼类经过漫长的岁月,演变成原始两栖类。两栖动物是最早登上陆地的脊椎动物,但是,两栖动物还没有完全摆脱水的束缚,必须在水中产卵、孵化及度过幼体阶段。原始的两栖动物逐渐进化成为原始的爬行动物。爬行动物在陆地上产卵、孵化,完全摆脱了水的限制,成为真正的陆生动物。陆地生活环境的复杂多变,为动物的进化提供了新的生态环境和适应方向,原始的爬行动物向各个方向分化和发展,分别进化为原始的鸟类和哺乳类。

总之,生物进化的主要趋势为:生物的种类由少到多,生活环境由水生到陆生,身体的结构由简单到复杂、由低等向高等发展。

在生物进化的历程中,人类是生物进化到更高阶段的产物。那么人究竟是由哪类古生物进化来的呢? 与所有哺乳动物一样,人体也具有恒温、胎生、哺乳等哺乳动物的基本特征。这说明了人类与哺乳动物有着较近的亲缘关系。人类与类人猿有着共同的原始祖先。这个共同的原始祖先就是森林古猿。由于环境的改变,古猿进化为人类。从古猿到人是生物进化史上最大的一次飞跃。由于人有完善的双手和发达的大脑,能够使用和制造工具,能够进行有意识的劳动和改造世界,因而人类已远远超出了动物界。

三、生物进化的证据

要研究生物进化问题,首先要了解过去的生物。但远古的生物大部分都已消失,只有少数以化石(图 10-7)的形式保存了下来,成为人类认识古生物的重要依据。化石是保存在地层中的古生物遗体、遗物和生活遗迹,为研究生物进化提供了直接的证据。

图 10-7 化石

各类生物化石在地层里是按照一定顺序出现的。科学家通过纵向比较不同地层中的生物化石,不仅可证明生物是进化的,而且可以了解这些生物的进化过程。化石显示,在形成越早、离现在越久远的地层中,形成化石的生物越低等、结构越简单,生物的种类也越少;在形成越晚、离现在越近的地层中,形成化石的生物越高等、结构越复杂,生物的种类也越多。科学家在地层中还发现了一些中间过渡类型的化石,这些化石揭示了不同生物之间的进化关系。例如在德国发现的始祖鸟化石,在我国辽宁发现的中华龙鸟、孔子鸟等大量的古鸟化石,证实鸟类起源于古代的爬行动物。

还可通过其他证据来研究生物进化,如科学家通过横向比较现存生物的身体结构、胚胎发育、蛋白质及 DNA 等的相似性,来确定它们之间的进化关系。

小百科

化石形成年代的测算

科学家们通过对化石中的放射性元素及它所衰变成的元素的含量比例来计算一块岩石的年龄。

科学研究发现,在同年代形成的岩石中,所含铅和铀的比例是相同的。这是因为岩石中的铅是由铀逐渐蜕变形成的。铅的相对原子质量是 207,放射性铀的相对原子质量是 238。铀(^{238}U)具有不稳定的原子核,能够自行放射出射线,最后衰变成质量较轻、稳定的元素铅(^{207}Pb)。这种蜕变的速率不受环境(如温度、湿度、压力等)的影响。放射性同位素在一定的单位时间内蜕变一半,这个单位时间叫做半衰期。例如,^{238}U 的半衰期是 45 亿年,^{14}C 的半衰期是 5 730 年。假如现在将 100 万个 ^{238}U 原子密封在一个玻璃瓶中,那么,45 亿年后就有 50 万个 ^{238}U 原子蜕变成铅,这个玻璃瓶中将只有 50 万个 ^{238}U 原子。比如现在发现一块化石,经测定其中所含的 ^{238}U 和 ^{207}Pb 的比例是 2:1,那么,我们就可以知道,这块化石大约是在 30 亿年前形成的。同样,测定化石中的 ^{14}C 和 ^{12}C 的比例,也可知道化石中生物所生存的年代。

四、生物的多样性

生物多样性是指地球生物圈中所有的生物,即动物、植物、微生物及其所包含的基因和生存环境,包括遗传多样性、物种多样性和生态系统多样性三个主要层次。

小百科

生物多样性受威胁的主要原因

1. 大面积森林采伐、火烧和农垦。
2. 草地过度放牧和垦殖。
3. 生物资源的过度利用。
4. 工业化和城市化的发展。
5. 外来物种的大量引进或侵入。
6. 无控制的旅游。
7. 环境污染。
8. 全球变暖。
9. 各种干扰的累加效应。

1. 遗传多样性

遗传(基因)多样性是指生物体内决定性状的遗传因子及其组合的多样性。遗传多样性是指存在于生物个体内、单个物种内及物种之间的遗传变异的总和。生物的遗传与变异或所携带的遗传信息都蕴藏在染色体上占有一定位置的遗传基本单位的基因里,所以遗传多样性又称为基因多样性。基因由于受外界或自身一些因素的影响,可能发生突变,引起变异,使生物个体间出现形态、生理、生态等多方面的变化。所以遗传变异是生命进化和物种分化的基础,也是物种多样性产生的根本原因。通常谈到物种多样性或生态系统多样性时也都包含了各自的遗传多样性。这里所指的遗传多样性主要是指种内不同种群之间或一个种群内不同个体遗传变异的丰富程度。环境的加速改变,使基因多样性的保护在生物多样性保护中占据着十分重要的地位。基因多样性提供了栽培植物和家养动物的育种材料,使人们能够选育具有符合人们要求的性状的个体和种群。

2. 物种多样性

物种多样性是生物多样性在物种上的表现形式,是指地球上的动物、植物、微生物等生物种类的丰富程度,也是生物多样性的关键。它既体现了生物之间及环境之间的复杂关系,又体现了生物资源的丰富性。物种多样性常用物种丰富度来表示。所谓物种丰富度是指一定面积内物种的总数目。多种多样的物种是生态系统不可缺少的组成部分,生态系统中的物质循环、能量流动和信息传递与其组成的物种密切相关。此外,物种资源也是农、林、牧、副、渔业经营利用的直接对象。

3. 生态系统多样性

生态系统多样性(图10-8)是指生物圈内生境、生物群落和生态学过程的多样化以及生态系统内生境差异和生态学过程变化的多样性。换句话说,由于地球生物圈内的生态环境和生物群落表现出高度多样化,因此生态系统的类型极其复杂多样,而且所有生态系统也都保持着各自的生态学过程。另外,在生态系统之内,由于生境和群落的生物种类不同、结构有异、生态学过程不一致,出现了生态系统之内的多样性。

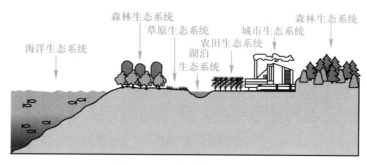

图 10-8　生态系统的多样性

小百科

保护生物多样性的措施

1. 制定相关法律,用法律武器保护野生动物及生态环境。

2. 建立自然保护区。建立自然公园和自然保护区已成为世界各国保护自然生态和野生动植物免于灭绝并得以繁衍的主要手段。我国的神农架、卧龙等自然保护区,对金丝猴、熊猫等珍稀、濒危物种的保护和繁殖起到了重要作用。

3. 建立珍稀动物养殖场。由于栖息繁殖条件遭到破坏,有些野生动物的自然种群,将来势必会灭绝。为此,从现在起就必须着手建立某些珍稀动物养殖场,进行保护和繁殖,或划定区域实行天然放养。

4. 建立全球性的基因库。如为了保护作物的栽培种及其可能灭绝的野生亲缘种,建立全球性的基因库网。现在大多数基因库贮藏着谷类、薯类和豆类等主要农作物的种子。

总之,物种多样性是生物多样性最直观的体现,是生物多样性概念的中心。基因多样性是生物多样性的内在形式,一个物种就是一个独特的基因库,可以说每一个物种就是基因多样性的载体。生态系统的多样性是生物多样性的外在形式,保护生物的多样性,最有效的形式是保护生态系统的多样性。

生物多样性是地球生命的基础。对于人类来说,地球是我们美丽的家园,各种各样的生物,在这个家园中都扮演着不同的角色。它们相互依存,相互作用,相互影响着。可以说,保护生物多样性就等于保护了人类生存和社会发展的基石,保护了人类文化多样性基础,就是保护了人类自身。

思考与练习

1. 在现在的地球环境条件下,还会有原始生命形成吗?为什么?

2. 生物的多样性表现在哪些方面?

3. 在保护我国生物多样性方面,你认为作为一名学生应当怎么做?

小朋友的问题

人是怎样进化来的?

最初的森林古猿都生活在茂密的森林里。后来,地球上一些地区的气候变干燥,森林减少了,古猿被迫下到地面上生活,逐渐学会了直立行走,并用树枝、石块等来防御敌害。在运用这些天然工具的过程中,古猿逐渐学会了制造简单工具。就这样,通过劳动,人类祖先的双手变灵活了,大脑越来越发达。同时,在共同的劳动中,产生了语言和意识,形成了人类社会。因此,在长期的劳动中,古猿逐渐进化成为人。

第十一章 生态学基础

地球上每种生物都生活在一定的环境中,与周围环境有着非常紧密的联系。当它不能适应周围环境的改变时,将面临被淘汰的厄运。研究生物与生物之间、生物与环境之间相互关系的科学叫做生态学。

生态学将生物的个体、群体和周围环境作为一个系统来研究。随着人类科技的进步,人类对自身和周围环境的认识提高到一个新的境界,认识到人类自身只是这个系统的成员之一,而不是系统的主宰。从 20 世纪 50 年代以来,人类社会出现了人口、粮食、资源、能源和环境五大危机,要解决这些问题,都离不开生态学。

第一节 生态系统概述

思考与讨论

生物与环境之间的关系如何? 生态系统一般是由哪些成分构成的? 在能量流动过程中,不同营养级所获得的能量是否相同?

一、生物与环境的关系

生物的生存环境复杂多样,从海洋到沙漠,从寒冷冰川到赤道附近,从洁净的厨房到肮脏的垃圾堆,都生存着生物。生物个体无处不在。无论生活在什么样的环境中,生物都受到环境中各种因素的影响。环境中影响生物的形态、生理和分布等的因素,叫作生态因素。

生态因素可分为包括阳光、温度和水等在内的非生物因素及影响生物生存的其他生物的生物因素。

1. 非生物因素

非生物因素有很多,下面简单介绍阳光、温度、水、土壤和大气这几种非生物因素对生物的影响。

（1）阳光

阳光是植物生存的必需条件之一,在阳光的作用下,植物才能进行光合作用。因此,阳光对植物的生理和分布起着决定性的作用。植物对阳光的强弱有选择性,有的必须在强光下生长,如松、杉、柳、槐、小麦和玉米等;有的能生活在比较阴暗的地方,如药用植物人参和三七等。漆黑的山洞里没有植物生存。在海洋里,随着水的深度增加,水中光线逐渐降低,植物的分布也不尽相同,在水下 200 m 以下的水域中,没有光线,植物很难生存。

阳光对动物的影响也很显著。有的动物白天活动,有的夜间出没。日照的长短还影响到动物的生殖。

（2）温度

温度是一种重要的非生物因素,生物体的新陈代谢需要在适宜的温度范围内进行。它影响生物的生长、发育、分布、生活习性和形态等特征。例如,水稻种子的最适萌发温度是 32℃;饲养类家畜在 18~20 ℃下生长最快,温度过高或过低都会抑制生猪的生长和发育;在寒冷地带或者海拔较高的森林中,针叶林较多,在温暖地带的森林中,阔叶林较多;青蛙在寒冷的冬天进入冬眠,只有在适宜的温度下活动;生活在北极的极地狐与生活在非洲的沙漠狐相比,耳廓要小得多,其原因是减少身体表面,从而减少热量的散失。

（3）水

水是生物体的重要组成部分,是一种重要的非生物因素。对植物来说,水分的多少与植物的生长发育有很大的关联;对动物来说,缺水比缺少食物的后果更为严重。在一定的地区,一年中降水总量和雨季的分布,是决定陆生生物数量与分布的重要因素。

（4）土壤

土壤是指岩石历经长时间的风吹、日晒、雨淋后风化的产物,包含大大小小的沙砾、无机盐和矿物质,还有各种各样的黏性物质。决定土壤肥力高低的,既有天然的原因,也有人为的因素。土壤的肥力对该地区植被的生物量产生重大影响,从而决定了各种动物的种群和个体数量。另外,各种生物在促进土壤的生成以及保持土壤的肥力等诸多方面也发挥了不可替代的作用。

（5）大气

地球被一层厚达 1 000 km 的大气包裹着,大气最底层的浓度比最高层的浓度大得多。海拔越高,大气含量越稀薄。大气的组成成分一直处于动态变化之中,与生物的生存和生长关系极其密切。今天,大气各组分中,氮气含量超过 75%,氧气约为 21%,二氧化碳为 0.03%～0.04%,此外还有少量的水分、各种惰性气体和尘埃等。自 20 世纪初以来,二氧化碳含量一直在增加,逐渐形成了温室效应,而某些工业化大城市上空的氧气含量已低于 20%。因此,人类应加强对大气组成的调控,造福于后代。

2. 生物因素

自然界中的每一种生物,都受到周围其他生物的影响。在这些生物中,既有同种生物,也有不同种生物。因此,生物因素可以分为两种:种内关系和种间关系。

（1）种内关系

在一定的时空范围内同种生物个体的总和叫做种群。例如,一个池塘中全部的草鱼就是一个种群;一片森林中全部的马尾松也是一个种群。同一种群内不同个体之间的关系叫做种内关系。生物在种内关系上,既有种内互助,也有种内斗争。

种内互助现象是种群关系中非常常见的。例如,蚂蚁、蜜蜂等营群体生活的昆虫,它们往往是千百只个体生活在一起,在群体内部分工合作,有的负责采食,有的负责防卫,有的专门生育后代。人们常常能够见到,许多蚂蚁一起向一只大型昆虫进攻,并且共同把它搬运到巢穴中。

种内斗争是同种生物个体之间,为争夺食物、空间或配偶等而发生的斗争。例如,在同一片水域中,除了鲈鱼外没有其他鱼类,成年鲈鱼就会以幼小的鲈鱼为食。雄鸟在占领巢区后,如果发现同种的其他雄鸟,就会奋力攻击,将入侵者赶走。羚羊、海豹等动物在繁殖期间,常常为争夺配偶而与同种的雄性个体进行斗争。

（2）种间关系

生活在一定的自然区域,相互之间具有直接或间接关系的各种生物种群的总和,叫做生物群落,简称群落。例如,草原中所有生物构成一个群落,包括牧草、杂草等植物,昆虫、牛、羊等动物,细菌、真菌等微生物。同一生物群落中不同种群之间的关系叫做种间关系。种间关系包括互利共生、寄生、竞争和捕食等。

两种生物共同生活在一起,相互依赖,彼此有利,这种关系叫做互利共生。例如,某种海葵附着于海螺的外壳,海螺内有寄居蟹,海葵的刺丝对寄居蟹起到保护作用。同时,寄居在海螺壳内的海蟹的不时移动给了海葵捕获食物的便利。

寄生在生物界普遍存在,是指一种生物寄居在另一种生物体表或体内,并从其中直接获取营养使其遭受损害。例如,血吸虫和蛔虫等寄生在其他动物体内,虱子和跳蚤寄生在其他动物的体表,菟丝子寄生在豆科植物上,噬菌体寄生在细菌内部,等等。

竞争是指两种生物生活在一起,相互争夺资源和空间的生存斗争现象。例如,水稻和稻田中的杂草争夺阳光、养料和水分,小家鼠和褐家鼠争夺居住空间与食物等。

捕食是指一种生物以另一种生物作为食物的现象。例如,兔以某些植物为食物,狼又以兔为食物,等等。

3. 生态因素的综合作用

环境中的各种生态因素,对生物体同时起作用,而不是单独地、孤立地起作用。换句话说,生物的生存和繁衍,受各种生态因素的综合影响。对某个或某种生物来说,各种生态因素所起的作用并不是同等重要。例如,在干旱的地区,水分的多少往往是影响陆生生物生存的关键因素。而在河流和湖泊中,水中溶解氧的多少往往是影响水生生物生存的关键因素。在分析某种生物的环境条件时,既要分析各种生态因素的综合作用,又要注意找出其中的关键因素,这在理论研究和生产实践上都有重要意义。例如,在研究影响鹿群的生态因素时,研究人员分析了温度、降水、食物和天敌等因素,发现冬季的食物供给是影响鹿群存活的关键因素。因此,人们在冬季的森林中为鹿群堆放了补充饲料,使鹿群在冬季的死亡率降低,从而提高了鹿群的数量。生物的生存受到很多生态因素的影响,这些生态因素共同构成了生物的生存环境。生物只有适应环境才能生存。

二、生物对环境的适应

生物的生存受多种生态因素影响,在长期的进化过程中形成了对周围环境的适应,在这种适应的演化进程中,生物反过来对周围的环境也造成一定影响。生物对环境的适应分为普遍性和相对性。

1. 适应的普遍性

生物对环境的适应是普遍存在的,生存在地球上的每一种生物,都具有与环境相适应的形态结构和生理特征,都是其长期进化过程中适应环境的一种表现。

植物的营养与繁殖器官都具有与环境相适应的选择性特征。例如,仙人掌的叶转变成叶刺,尽量减少水分的散失与蒸发,是与其生活在沙漠地区,缺少水分相适应的。蒲公英是借助风传播的植物,其种子具有毛茸茸的白色纤维,容易随风飞扬。

动物的形态、结构、生理和行为等方面也有与环境相适应的特征。例如,鸟类的身体呈流线型,身覆羽毛,气囊与肺相连,膀胱退化等特征都是与其在空中飞翔相适应的特征。扬子鳄和白鼠等陆生动物用肺呼吸,用四肢行走,体内受精,这些都是与陆生环境相适应的特征。猛兽或猛禽类动物具有锐利牙齿,被捕食的动物擅长奔跑,都表明生物为生存进化出一些显著特征。

为什么非洲象的耳朵比亚洲象的耳朵大?

还有很多生物在外形上具有明显适应环境的特征,如保护色、警戒色和拟态等。这些都是通过长期的自然选择而逐渐形成的适应性特征。

（1）保护色

动物外表的颜色与周围环境相类似,这种颜色叫做保护色。具有保护色的动物是很难被其他动物发现的,这对躲避敌害或捕猎动物非常有用。例如,青蛙一般生活在绿色草丛中,其背部颜色与周围颜色相类似。北方雪地上的所有动物,可怕的北极熊也好,不伤人的海燕也好,都披上了一层白色,它们在雪地的背景下简直看不出来。

（2）警戒色

某些有恶臭或毒刺的动物所具有的鲜艳色彩和斑纹,叫做警戒色,用于警告周围物种勿靠近,有危险。例如,毒蛾的幼虫多数都具有鲜艳的色彩和花纹。如果被鸟类吞食,其毒毛会刺伤鸟的口腔黏膜,这种毒蛾幼虫的色彩就成为鸟的警戒色。警戒色的特点是色彩鲜艳,容易识别,能够对敌害起到预先示警作用。

（3）拟态

某些生物在进化过程中形成的外表形状或色泽斑,与其他生物或非生物异常相似的状态叫做拟态。例如,螳螂成虫的翅膀展开时像鲜艳的花朵,若虫的足像美丽的花瓣,可以诱使采食花粉的昆虫飞近,从而捕食这些昆虫;尺蠖的形状像树枝;竹节虫的形状像竹枝;枯叶蝶停息在树枝上的模样像枯叶。

2. 适应的相对性

生物对环境的适应只是一定程度上相对的适应,并不是绝对的、完全的适应,更不是永久性的适应。例如,生活在雪地的老鼠毛色为白色,是一种保护色,不易被其他动物发现,对它躲避天敌的捕食十分有利,是对环境的一种适应现象。如果降雪推迟,白色鼠反而易被天敌发现而遭捕食,体现了生物对环境的适应具有相对性。

3. 生物与环境的关系

生物的生命活动所需要的能量物质都是从环境中获得的,因此,环境对生物的影响表现在方方面面,只有生物对环境适应了,才能够生存下去。当然,生物在适应环境的同时,也影响着环境。例如,森林的蒸腾作用可以增加空气的湿度,进而影响降雨量;柳杉等植物可以吸收有毒气体,从而净化空气;鼠对农作物、森林和草原有破坏作用;蚯蚓在土壤中活动,可以使土壤疏松,提高土壤的通气和吸水能力,排泄物还可以增加土壤的肥力。由此可见,生物与环境之间的影响是相互的,是一个不可分割的统一整体。

三、生态系统的结构

生态系统是指生物群落与它的无机环境相互作用的自然系统,也称为生态系。它包含了生物和非生物等组成成分,这些组成成分并不是毫无联系的,而是通过物质和能量的联系形成一定的结构。生态系统的结构包括两方面内容:生态系统的成分;食物链和食物网。

1. 生态系统的成分

生态系统一般包括以下 4 种成分:非生物物质和能量、生产者、消费者和分解者。观察图 11-1,指出生态系统的成分分别是哪些?

（1）非生物的物质和能量

在池塘生态系统中,非生物的物质和能量包括阳光、热能、空气、水分和无机盐。阳光照射到水面上,为池塘生态系统提供能量;空气中的氧气溶解到水中为生物的正常生存提供充裕的氧气;池塘底部的有机物和无机盐为生产者、消费者和分解者提供物质基础。

（2）生产者

生产者是指自养生物,一般是绿色植物。它们能够利用阳光,通过光合作用,把无机盐制造成有机物,把光能转变成有机物中的化学能,所以称之为生产者,是生态系统的主要成分。

（3）消费者

消费者不能制造有机物,只能靠吃现成有机物来维持生命。属于异养生物,一般指

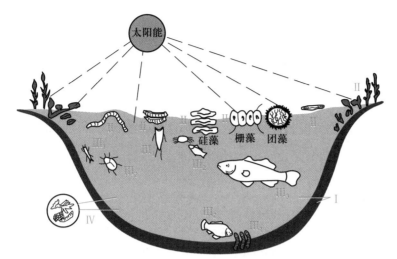

Ⅰ.非生物的物质；Ⅱ.生产者；Ⅲ.消费者；Ⅳ.分解者。

图 11-1　池塘生态系统

动物,包括植食性动物、肉食性动物、杂食性动物和寄生动物。动物中直接以绿色植物为食的称为植食性动物,也叫做初级消费者,如马、牛、羊和鱼等动物。以植食性动物为食的动物称为肉食性动物,也叫做次级消费者,如猫头鹰、黄鼬和鳢鱼等动物。以次级消费者为食的肉食动物称为三级消费者,如老虎、野狼、狮子和黑鱼等。

（4）分解者

分解者是指能将动植物遗体残骸中的有机物分解成无机盐,归还到无机盐环境中,再被绿色植物重新利用的生物。主要是指细菌和真菌等微生物。

小百科

生态农业的类型

1. 时空结构型

这是一种根据生物种群的生物学、生态学特征和生物之间的互利共生关系而合理组建的农业生态系统;使处于不同生态位置的生物种群在系统中各得其所,相得益彰;更加充分地利用太阳能、水分和矿物质营养元素;是在时间上多序列、空间上多层次的三维结构;其经济效益和生态效益均佳。这种类型的生态农业具体有:果、林、地立体间套模式、农田立体间套模式、水域立体养殖模式、农户庭院立体种养模式等。

2. 食物链型

这是一种按照农业生态系统的能量流动和物质循环规律设计的、良性循环的农业生态系统。系统中一个生产环节的产出是另一个生产环节的投入,使系统中的废物多次循环利用,从而提高能量的转换率和资源利用率,获得较大的经济效益,并有效地防止农业废物对农业生态环境的污染。这种类型的生态农业具体有:种植业内部物质循环利用模式;养殖业内部物质循环利用模式;种、养、加工三结合的物质循环利用模式等。

3. 时空食物链综合型

这是时空结构型和食物链型的有机结合,使系统中的物质得以高效生产和多次利用,是一种适度投入、高产出、少废物、无污染、高效益的模式类型。

生产者能够制造有机物,为消费者提供食物和栖息场所;消费者对于植物的传粉、种子传播等方面有重要作用;分解者能够将动植物的遗体分解成无机盐。如果没有分解者,动植物的遗体残骸就会堆积如山,生态系统随之崩溃。由此可见,生产者、消费者和分解者紧密联系、缺一不可(图 11-2)。

2. 食物链和食物网

在生态系统中,各种生物之间由于食物关系而形成的一种联系,叫做食物链。例如,跳鼠吃草,黄鼬吃跳鼠,这是一条简单的食物链。这条食物链从草到黄鼬共三个环节,也就是三个营养级,生产者草是第一营养级,初级消费者跳鼠是第二营养级,次级消费者黄鼬是第三营养级。各种动物所处的营养级的级别并不是一成不变的。例如,猫头鹰捕食初级消费者兔子的时候,属于第三营养级。当它捕食次级消费者蜥蜴的时候,就属于第四营养级。

图 11-2　生产者、消费者和
分解者的联系

温带草原生态系统的食物网如图 11-3 所示。

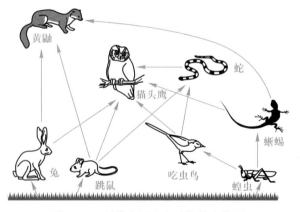

图 11-3　温带草原生态系统的食物网

在生态系统中,生物种类越复杂,个体数量越庞大,其中的食物链就越多,彼此间的联系也就越复杂。因为一种绿色植物可能是多种草食性动物的对象,而一种草食动物既可能吃多种植物,也可能成为多种肉食性动物的捕食对象等,从而使各条食物链彼此交错,形成网状。在一个生态系统中,许多食物链彼此相互交错、联结的复杂营养关系,叫做食物网。

食物链和食物网构成生态系统的营养结构,生态系统的物质循环和能量流动就是沿着这种渠道进行的。

四、生态系统的功能

生态系统在特定的环境中作为一个统一的整体,不仅具有一定结构,而且具有一定的功能。生态系统的主要功能是进行能量流动和物质循环。

1. 生态系统的能量流动

在生态系统中,各个营养级的生物都需要能量。如果没有能量的供给,生态系统就无法维持下去。生态系统中能量的输入、传递和散失过程,称为生态系统的能量流动。

食物链的能量流动如图 11-4 所示。

图 11-4　食物链的能量流动

太阳能是生态系统内最初、最原始的能源。生产者通过光合作用把太阳能转变成化学能并储存在有机物中,这样,太阳能就转变成化学能输入到生态系统的第一营养级。第一营养级的能量并不能全部被初级消费者所利用,究其原因:一部分能量用于生产者自身的新陈代谢;另一部分未被动物食用的植物,随着分解者的参与,将它储存的化学能释放到环境中。同样,初级消费者所获得的能量也不会被次级消费者全部利用。以此类推,能量在沿食物链逐步流动的过程中越来越少。研究表明,相邻两个营养级的能量传递效率是 10%~20%,其他能量都是通过分解者的呼吸作用释放到环境中去的。

由此可见,生态系统中的能量源头是太阳能。生产者固定的太阳能总量便是流经这个生态系统的总能量,这些能量是沿着食物链或食物网逐级流动的。研究生态系统中能量流动的主要目的是设法调整生态系统的能量流动关系,使能量流向对人类最有益的部分。

生态系统的能量流动如图 11-5 所示。

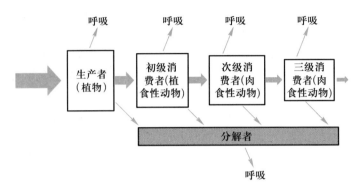

图 11-5　生态系统的能量流动

2. 生态系统的物质循环

在生态系统中,组成生物体的基本元素如 C、H、O、N、P 和 S 等,不断地进行着从无机环境到生物群落,又从生物群落回到无机环境的循环过程,这就是生态系统的物质循环。这里所说的生态系统,指的是地球上最大的生态系统——生物圈。其中的物质循环带有全球性,又称为生物地球化学循环。下面以碳为例说明物质在生态系统的循环过程(图 11-6)。

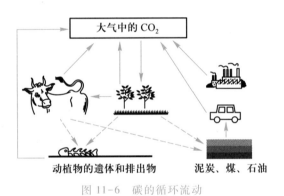

图 11-6　碳的循环流动

碳元素一般情况下约占生物体干重的 49%。没有碳就没有生命。碳在无机环境中以二氧化碳或碳酸盐的形式存在。碳在无机环境和生物群落之间是以二氧化碳形式进行循环的。

生产者通过光合作用,把大气中的二氧化碳和水等合成为有机物,然后含碳的有机物被各级消费者所利用。生产者和消费者在生命活动中,通过呼吸作用,又把二氧化碳释放到大气中。生产者和消费者的遗体及残留物被分解者所利用,分解产生的二氧化碳也返回到大气中。另外,由古代植物逐步演化而成的煤和石油,经过采伐、加工和燃烧,最后把大量的二氧化碳排放到大气中,加入到生态系统的碳循环中。

以上表明,生态系统中的物质循环和能量流动具有不同的特点。参与物质循环过程的无机盐等物质可以被生物群落反复利用。能量循环则不同。在能量通过各级营养级的转换过程中是逐级递减的,而且是单向运动,不是循环的。

3. 能量流动和物质循环的关系

生态系统中的能量流动和物质循环是两种相对独立的流通环节,但却是同时进行的。二者相互依存,不可分割。能量的释放、转移和固定离不开物质的分解、合成等过程。物质作为能量的载体,使能量沿着食物链或食物网流动;能量作为动力,使物质能够不断地在生物群落和无机环境之间循环往复。生态系统中的各种成分——非生物的物质和能量、分解者、消费者与生产者,正是通过能量流动和物质循环,才能紧密地联系在一起,形成一个统一的整体。

思考与练习

1. 生物对环境的适应和环境对生物的影响,两者相比较而言,哪一方面更为关键?

2. 在生态系统中,能量在流经各个营养级时为什么会逐级递减?这与能量守恒定律相矛盾吗?

3. 从生态系统能量流动的角度,分析在市场上肉一般比粮食贵的原因。

第二节　生态环境及其保护

思考与讨论

生态系统的自动调节能力取决于什么?人为破坏生态平衡的因素有哪些?如何保护生态环境?

一、生态平衡

在生态系统中,生物的新陈代谢时刻在进行,既有新的个体产生,又有老的个体离去。因此,各种生物的数量在不断地变化着。用另一句话说,生态系统的结构和功能处于动态变化过程之中。

1. 生态平衡的概念及影响因素

生态系统发展到一定的阶段,系统内的生产者、消费者和分解者之间能够在较长时间内保持一种动态平衡,或者生态系统内的能量流动和物质循环在一定的时间内保持一种动态的平衡,这种状态叫作生态平衡。

生态系统的自身调节能力是有限的。如果外来干扰超过了这个限度,生态平衡就会遭到破坏。遭到破坏后的生态系统将会出现能量流动和物质循环不能正常进行、生物种类和数量急剧减少、生态系统的结构遭到破坏、环境条件极端恶化的情况。造成生态平衡破坏的因素有自然因素和人为因素。自然因素主要是指各种各样的自然灾害。人为因素是指人类对自然资源的不合理利用和工业发展带来的环境污染。人为因素的破坏简单来说分为植被破坏、食物链破坏和环境污染。

2. 保持生态平衡的重要意义

生态平衡的破坏往往会带来严重的后果,因此,我们应当采取措施,保持生态系统的生态平衡。这样才能从生态系统中获得持续、稳定的产量,才能使人与自然和谐地发展。

保持生态平衡,并不只是维护生态系统的原始稳定状态。人类还可以在遵循生态平衡规律的前提下,建立新的生态平衡,使生态系统朝着更有益于人类的方向发展。例如,大力开展植树造林,不仅能够美化环境,改善气候,还能使鸟类等动物的种类和数量增加,使生态系统建立起新的平衡,从而造福当代,荫及子孙。

3. 种群在生态平衡中的作用

种群是生活在同一生态环境中同一生物个体的总和,是物种存在的具体形式,也是生物繁殖的基本单位。同时,种群还是群落和生态系统的基础构成单位。在生态平衡中,种群数量的多少及同一种群中生物个体的多少对生态平衡起着非常重要的作用。种群数量越多,生态系统越稳定。

种群的特征有种群密度、性别比例、年龄结构、出生率和死亡率等。当种群的出生率大于种群的死亡率时,种群的数量增多,反之数量减少。种群的动态变化与年龄结构关系极大,常见的种群增长曲线有"J"曲线和"S"曲线。当某种群与所处生态环境的各种因素相适应时,种群就发展和兴盛,反之则衰退和消亡。

4. 群落的演替

群落是一个动态系统,在不断地发展变化之中。一旦群落结构遭到破坏或干扰,某些生物种群就会消失,但将会有其他的生物种群来占据它们的空间并适应和繁殖下去,最终达到一个相对稳定的阶段,构成一种新的群落。像这种,随着时间的推移,一个群落被另一个群落代替的过程就叫做群落的演替。

群落的演替一般可分为初生演替和次生演替两种类型。初生演替是指一个从来没有被植物覆盖的地面或者是原来存在植被但被彻底消灭的地方发生的演替。次生演替是指原有的植被虽已不存在,但原有的土壤条件能基本保存,甚至还保留了植物种子或其他繁殖体的地方发生的演替。

群落演替的过程可人为划分为 3 个阶段。

(1) 侵入定居阶段

一些物种侵入裸地,定居成功并改良了环境,为以后入侵的同种或异种物种创造有利条件。

(2) 竞争平衡阶段

通过种内或种间竞争,优势物种定居并繁殖后代,劣势物种被排斥。相互竞争过程中共存下来的物种,在利用资源上达到相对平衡。

(3) 相对稳定阶段

物种通过竞争,平衡地进入协调进化;资源利用更为充分有效;群落结构更加完善;有比较固定的物种组成和数量比例;群落结构复杂,层次多。

二、破坏生态环境的因素

人类只有一个地球。人类的生存和发展不可能脱离这个唯一的生态环境。随着人口增长和工农业的发展,人类对环境的影响越来越大。由于人们在生产和生活中不断向环境中排放有害物质,以及对自然资源的不合理利用,使人类生存的环境出现了严重危机,造成环境的严重破坏。主要因素有两个:一个是环境污染;另一个是自然资源的破坏。

环境污染是指人类直接或间接地向环境中排放超过其自净能力的物质或能量,从而使环境质量降低,对人类的生存与发展、生态系统和财产造成不利影响的现象。环境污染具体包括水污染、大气污染、噪声污染、放射性污染等。随着科学技术水平的发展和人民生活水平的提高,环境污染也在增加。特别是在发展中国家。环境污染问题越来越成为世界各国面临的共同课题之一。

小百科

生 态 灾 难

生态平衡是动态的平衡。一旦受到自然和人为因素的干扰,超过了生态系统自我调节能力而不能恢复到原来比较稳定的状态时,生态系统的结构和功能遭到破坏,物质和能量输出输入不能平衡,造成系统成分缺损、结构变化、能量流动受阻、物质循环中断,一般称为生态失调。严重的就是生态灾难。生态灾难包括以下几方面。

1. 温室效应——地球发烧之谜。
2. 臭氧层破坏——女娲后代需补天。
3. 土地退化和沙漠化——孕育沙漠的温床。
4. 废物质污染及转移——工业文明的后遗症。
5. 森林面积减少——地球之肺溃疡。
6. 生物多样性减少——人类将患"孤独症"。
7. 水资源枯竭——逼近人类社会的危机。
8. 核污染——摆脱不掉的阴影。
9. 海洋污染——致命蓝色国土。
10. 噪声污染——永无宁日的呐喊。

地球上的资源是有限的,特别是不可再生资源更是珍贵,所以资源在开发过程中要强调可持续性,不能乱砍滥伐,更不能肆意破坏。自然资源的破坏分为森林资源的破坏、草原资源的破坏和野生动植物资源的破坏等,因此,要保护生态环境,就必须保护好现有的自然资源免受破坏并向可持续、健康的方向发展。

三、生态环境保护

地球是人类赖以生存的唯一家园。数十亿年的生命演化,不断改变着地球的环境,使地球从荒芜、不毛之地逐渐演变成生命的乐园。然而,随着人类的出现和人口的增长及现代工农业的发展,人类不断改变着地球的环境,使这个星球上许多生物的生存受到严重威胁,并且危及人类自身的生存和发展。生态环境对人类的重要性不言而喻。一旦人类生存的生态环境受到严重破坏,产生的灾难将是无法预计的。所以,保护好生态环境是人类义不容辞的责任。

造成生态环境危机的主要表现有两方面:一方面是环境污染;另一方面是自然资源的破坏。环境污染是由在生产和生活中人们向环境中排放的有害物质引起的,包括大气污染、水污染、土壤污染和噪声污染等。自然资源的破坏是指自然条件下,野生动植物资源、森林资源、草原资源等各方面资源受到破坏,造成土地沙漠化、土地盐碱化和水土流失等,对生态环境产生的不利影响。因此,在保护环境免受污染的同时也要保护好自然资源的合理开发与可持续性发展,在最大限度内保护好生态环境。

思考与练习

1. 下列哪项属于种群?

A. 一个池塘中所有鱼类　　　　　　　B. 一块稻田里的所有昆虫

C. 一片草地的所有蒲公英　　　　　　D. 分散在各湖泊、河流的鲤鱼

2. 在一个池塘中生长着藻类、水蚤、虾和鲤鱼,这些生物可看作(　　　　)。

A. 种群　　　　　　B. 生物群落　　　　　C. 食物网　　　　　D. 生物圈

3. 在阴湿山洼草丛中,有一堆长满苔藓的腐木,其中聚集着蚂蚁、蚯蚓、蜘蛛、老鼠等动物。它们共同构成一个(　　　　)。

A. 生态系统　　　　B. 生物群落　　　　　C. 食物网　　　　　D. 种群

4. 流经生态系统的总能量是指(　　　　)。

A. 射进该系统的全部太阳能

B. 照到该系统内所有植物体上的太阳能

C. 该系统的生产者所固定的太阳能

D. 生产者传递给消费者的全部能量

5. 自然环境中影响生物有机体生命活动的一切因子是(　　　　)。

A. 生存因子　　　　B. 生态因子　　　　　C. 生存条件　　　　D. 环境因子

第十二章 现代生物技术简介

本章学习提示

本章依据目前现代生物科技的发展状况,选择具有代表性的技术如基因工程、克隆技术和胚胎干细胞技术进行简单的阐述。

本章学习目标

通过本章的学习,将实现以下学习目标:

★ 了解基因工程的概念和应用。

★ 了解克隆技术的概念和应用。

★ 了解胚胎干细胞技术的概念和应用。

生物技术是应用生命科学及其他自然科学的原理,采用先进科学技术手段,有目的地改造生物体或加工生物原料,为人类生产出所需产品或达到某种改造目的。本章主要从基因工程、克隆技术及胚胎干细胞技术等方面简单介绍生物科技取得的成就及应用。

> **思考与讨论**
>
> 转基因工程、克隆技术及胚胎干细胞移植等生物技术在 21 世纪有什么广阔的应用前景?你知道这些技术引起的各种争论吗?

一、基因工程

1. 基因工程的概念及特点

基因工程是利用重组技术,在体外通过人工"剪切"和"拼接"等方法,对各种生物的基因进行改造和重新组合。然后导入微生物或真核细胞内进行无性繁殖,使重组基因在细胞内表达,产生人类需要的基因产物,或者改造、创造新的生物类型。

基因工程有两个基本特点:分子水平上的操作和细胞水平上的表达。自然界中发生的遗传重组主要是靠有性生殖。基因工程技术的诞生使人们能够在体外进行分子水平上的操作,构建在生物体内难以进行的重组,然后让重组的遗传物质在宿主细胞中表达。

2. 基因工程的应用

基因工程自 20 世纪 70 年代兴起之后发展迅猛,在医药卫生、农牧业、食品工业、环境保护等方面展现出广阔的应用前景。本章主要从基因工程药物、基因诊断和治疗及转基因动植物等方面进行举例。

(1)基因工程药物

有些药品是直接从生物体的组织、细胞或血液中提取的。由于受原料来源的限制,价格十分昂贵。用基因工程方法制造的"工程菌",可以高效率地生产出各种高质量、低成本药物,如胰岛素、干扰素和乙肝疫苗等。基因工程药品是制药工业上的重大突破。

(2)基因诊断和基因治疗

基因诊断是采用分子生物学的技术方法来分析受检者某一特定基因的结构或功能是否异常,以此来对相应的疾病进行诊断。基因诊断可以揭示尚未出现症状时与疾病相关的基因状态。目前,基因诊断技术发展较快。许多遗传性疾病可实施基因诊断,例如镰刀形细胞贫血症、苯丙酮尿症、血友病等。多种病毒性感染可采用基因诊断检测相应的病原体,如肝炎病毒、人免疫缺陷病毒。最近新发现的 SARS 冠状病毒,在基因组 RNA 序列确定后,便很快建立了基因诊断法。

基因治疗是指用正常基因取代或修补患者细胞中有缺陷的基因,从而达到治疗疾病的目的。1990 年,美国科学家实施了世界上第一例临床基因治疗。遗传病的根治方法就是基因治疗。尽管基因治疗存在着许多障碍,但发展趋势仍是令人鼓舞的。正如基因治疗的奠基人所预言的那样,基因治疗这一新技术将会推动 21 世纪的医学革命。

小百科

亲 子 鉴 定

亲子鉴定是采用医学、遗传学等学科的理论和现代化 DNA 检测技术来判断有争议的父母与子女之间特别是父子间是否存在亲生血缘关系。作为专业的 DNA 鉴定机构,可提供父母、子女关系鉴定,兄弟姐妹鉴定,表兄弟姐妹鉴定,祖父母、外祖父母与孙子的亲缘关系鉴定,以及家族的近亲和远亲的亲缘鉴定等各种服务。亲子鉴定分司法鉴定和个人鉴定两种情况。目前国内外进行亲子鉴定的手段主要有以下两种。

1. 血型检验,即血液中各种成分的遗传多态性标记检验。此种检验方法操作和判读结果依靠人工,操作相对复杂。

2. DNA 多态性检验,这是目前国际公认最有效的用于亲子鉴定和个体识别的方法。而且采用的检材可以是血液、血痕、唾液、毛发、骨骼等人体任何组织或器官。

---

(3)转基因动植物

将人工分离和修饰过的基因导入动植物基因组中。由于导入基因的表达,引起动植物性状的改变,产生转基因动植物。转基因动物研究首先在小鼠身上获得成功。现在转基因技术已用于牛、羊等动物,实现了从牛奶、羊奶中生产蛋白质药物,称为"乳腺反应器"。

通过转基因技术可以获得高产、优质、抗病毒、抗虫、抗自然灾害的农作物。

二、克隆技术

1. 克隆技术的概念

利用生物技术由无性生殖产生与原个体有完全相同基因组后代的过程,叫做克隆。这门生物技术叫作克隆技术。

克隆技术的发展已经历了3个发展时期。第一个时期是微生物克隆,即用一个细菌很快复制出成千上万个和它一模一样的细菌,而变成一个细菌群。第二个时期是生物技术克隆,比如用遗传基因——DNA克隆。第三个时期是动物克隆,即由一个细胞克隆成一个动物。克隆绵羊"多莉"由一头母羊的体细胞克隆而来,使用的便是动物克隆技术。

2. 克隆技术的应用

在生物学上,克隆技术一般应用在两个方面。一方面是克隆基因。克隆基因是指从个体中获取一段目的基因,然后通过基因工程等技术将外源目的基因通过体外重组后导入受体细胞,使该基因能在受体细胞内复制、转录、翻译和表达的过程。另一方面是克隆物种。在动物界也有无性繁殖,不过多见于无脊椎动物,如原生动物的分裂繁殖、尾索类动物的出芽生殖等。但对于高级动物,在自然条件下,一般只能进行有性繁殖,要使其进行无性繁殖,科学家必须经过克隆技术等一系列复杂的操作程序。20世纪50年代,科学家成功地无性繁殖出一种两栖动物——非洲爪蟾。英国和我国等在20世纪90年代后期先后利用胚胎细胞作为供体,克隆出了哺乳动物。

小百科

克隆羊多莉

1996年,英国爱丁堡罗斯林研究所(Roslin)的伊恩·维尔穆特(Wilmut)领导的一个科研小组,利用克隆技术培育出一只小母羊。这是世界上第一只用已经分化的成熟体细胞(乳腺细胞)克隆出的羊。从一只六岁雌性的白面绵羊(称之为A)的乳腺中取出乳腺细胞,作为供体细胞。然后从一头黑面母绵羊(称之为B)的卵巢中取出未受精的卵细胞,并立即将细胞核除去,此细胞称为受体细胞。利用电脉冲方法,使供体细胞和受体细胞融合,最后形成融合细胞。最后将胚胎细胞转移到另一只苏格兰黑面母绵羊(称之为C)的子宫内。胚胎细胞进一步分化和发育,最后形成小绵羊多莉。多莉继承了提供体细胞的那只绵羊(A)的遗传特征,它是一只白脸羊。

科学家们普遍认为,多莉的诞生标志着生物技术新时代的来临。继多莉出现后,"克隆"这个以前只在科学研究领域出现的术语变得广为人知。克隆猪、克隆猴、克隆牛等,纷纷问世。似乎一夜之间,克隆时代已来到人们眼前。

多莉的诞生

三、胚胎干细胞技术

1. 胚胎干细胞技术的概念

胚胎干细胞是早期胚胎或原始性腺中分离出来的一类细胞,它具有体外培养、无限增殖、自我更新和多向分化的特性。无论在体外还是体内环境,细胞都能被诱导分化为机体几乎所有的细胞类型。或者说胚胎干细胞是一种高度未分化细胞。它具有细胞发育的全能性,能分化出成体动物的所有组织和器官,包括生殖细胞。利用胚胎干细胞进行的一系列生物技术操作的研究过程统称胚胎干细胞技术。

2. 胚胎干细胞技术的应用

仅从技术角度来说,用胚胎干细胞培养人体组织和器官以治疗疾病是非常有意义的。这种治疗就是通常所说的细胞治疗。细胞治疗是指用对胚胎干细胞进行遗传工程改造过的细胞直接移植或输入患者体内,达到治愈和控制疾病的目的。以胚胎干细胞为载体,经体外定向改造,使基因的整合数目、位点、表达程度和插入基因的稳定性及筛选工作等都在细胞水平上进行,容易获得稳定、满意的转基因胚胎干细胞系。例如,德、美医学小组在去年成功地向试验鼠体内移植了由胚胎干细胞培养出的神经胶质细胞。此后,密苏里的研究人员通过鼠胚细胞移植技术,使瘫痪的猫恢复了部分肢体活动能力。

随着胚胎干细胞的研究日益深入,生命科学家对人类胚胎干细胞的了解迈入了一个新的阶段。在 20 世纪末,就已经有两个研究小组成功地培养出人类胚胎干细胞,保持了胚胎干细胞分化为各种体细胞的全能性。这样就使科学家利用人类胚胎干细胞治疗各种疾病成为可能。然而,人类胚胎干细胞的研究工作引起了全世界范围内的很大争议。出于社会伦理学方面的原因,有些国家甚至明令禁止进行人类胚胎干细胞研究。无论从基础研究角度来讲,还是从临床应用方面来看,人类胚胎干细胞带给人类的益处远远大于在伦理方面可能造成的负面影响。因此,要求展开人类胚胎干细胞研究的呼声一浪高过一浪。

思考与练习

目前超市里有哪些转基因食品？你如何看待转基因食品的安全性问题？

参 考 文 献

[1] 人民教育出版社课程教材研究所生物课程教材研究开发中心.生物[M].北京:人民教育出版社,2020.

[2] 任淑仙.无脊椎动物学[M].2 版.北京:北京大学出版社,2007.

[3] 魏道智.普通生物学[M].北京:高等教育出版社,2019.

[4] 刘广发.现代生命科学概论[M].3 版.北京:科学出版社,2017.

[5] 刘凌云,郑光美.普通动物学[M].4 版.北京:高等教育出版社,2009.

[6] 中国科学院中国植物志编辑委员会.中国植物志[M].北京:科学出版社,2004.

[7] 黄文.科学·生物[M].长沙:湖南科学技术出版社,2008.

[8] 陈志远,陈红林,周必成.常用绿化树种苗木繁育技术[M].北京:金盾出版社,2010.

[9] 王义炯.动物的生存智慧[M].武汉:湖北少年儿童出版社,2009.

[10] 叶创兴,朱念德,廖文波,等.植物学[M].2 版.北京:高等教育出版社,2014.

[11] 强胜.植物学[M].2 版.北京:高等教育出版社,2017.

[12] 王保林,窦广采.科学:奇妙的生物科学[M].2 版.郑州:郑州大学出版社,2008.

[13] 徐晋麟.现代遗传学原理[M].3 版.北京:科学出版社,2011.

编　后

本系列高中专学前教师教育教材包括三年制高专共34种38册，五年制高专共42种50册，三年制中专共37种45册，自2010年开始，历时5年。全部出版后，又从2016年进行修订。作者队伍来源于全国近60所学前师范本科和高、中专院校；主审专家来源于26所本科院校和科研院所。全套教材编写设立指导委员会和编写委员会。

为确保教材的科学性、先进性和时代性，全体编写人员认真学习教育部《幼儿园教师专业标准（试行）》《教师教育课程标准（试行）》《中小学和幼儿园教师资格证考试标准（试行）》《职业教育教材管理办法》等文件精神，充分吸纳了学前教育和其他相关学科发展的最新成果，严格按照"研制人才培养方案→确定册本→研制大纲→确定体例和样章→讨论初稿→统稿→审稿"的程序进行，进行了深入而艰苦的探索。比如：坚持从研究和把握人才培养方案入手，对各系列的册本方案、各册本的教学大纲进行系统设计。严格按照人才培养目标要求，对文化、艺术、教育3类课程的教学时量进行了科学安排：三年制高专约为2.6∶3∶4.4；五年制高专约为4.5∶2.5∶3；三年制中专约为2.4∶2.4∶5.2。根据学前教育科学发展的新成果，分化和加强教育类课程，如幼儿心理学中分化出了幼儿学习与发展、幼儿发展观察与评价，幼儿教育学中分化出了幼儿游戏、幼儿园课程、幼儿园教育环境创设等。

此套教材中的高专系列：由语文出版社出版的《语文》（四册）《大学语文》《幼儿文学》（两册），由高等教育出版社出版的《计算机应用基础》《体育》《幼儿教师口语》《美术基础》《美术》《幼儿美术赏析与创作》《数学》《历史》《地理》《物理》《化学》《生物》，由北京师范大学出版社出版的《幼儿心理发展概论》《幼儿教育概论》《幼儿卫生保健》《幼儿学习与发展》《幼儿游戏》《幼儿园环境创设》《幼儿园课程》《幼儿健康教育》《幼儿语言教育》《幼儿社会教育》《幼儿科学教育》《幼儿音乐教育》《幼儿美术教育》《幼儿园管理》《学前教育研究基础》《现代教育技术》，由上海音乐学院出版社出版的《音乐基础理论》《视唱练耳》（两册）《音乐欣赏》《儿童歌曲钢琴即兴伴奏》《幼儿歌曲弹唱》《幼儿歌曲创编与赏析》《幼儿舞蹈创编与赏析》《钢琴》（三册）《声乐》（两册）《舞蹈》。

我们确定把高、中、专学前教师教育教材建设作为一项基本工作，持之以恒地抓下去。及时征求意见和组织评审，定期修订，使之成为全国高水平的教材。同时，认真组织相应教学研究，努力建设融媒体立体课程，研发精品课程和微课，研发《学前教师教育课程试题库》和《幼儿园教师资格证考试复习试题库》(放置在"幼学汇"网站,网址www.06yxh.com),以服务教师的教学与学生的学习。

　　分委会联系人:李家黎,gzzfwh@ 163.com.

　　试题库联系人:喻韬文,317650717@ qq.com

高等职业教育学前教育教材编写委员会
二〇二一年九月

郑重声明

高等教育出版社依法对本书享有专有出版权。任何未经许可的复制、销售行为均违反《中华人民共和国著作权法》,其行为人将承担相应的民事责任和行政责任;构成犯罪的,将被依法追究刑事责任。为了维护市场秩序,保护读者的合法权益,避免读者误用盗版书造成不良后果,我社将配合行政执法部门和司法机关对违法犯罪的单位和个人进行严厉打击。社会各界人士如发现上述侵权行为,希望及时举报,本社将奖励举报有功人员。

反盗版举报电话　(010)58581999　58582371　58582488
反盗版举报传真　(010)82086060
反盗版举报邮箱　dd@ hep.com.cn
通信地址　北京市西城区德外大街 4 号
　　　　　高等教育出版社法律事务与版权管理部
邮政编码　100120

群名称:学前教师课程交流群
群　　号:69466119